和谐校园文化建设读本

中小学生天文常识一本通

李耀春/编写

吉林出版集团股份有限公司
吉林教育出版社

图书在版编目(CIP)数据

中小学生天文常识一本通 / 李耀春编写. — 长春：
吉林教育出版社，2012.6（2022.10 重印）
（和谐校园文化建设读本）
ISBN 978 - 7 - 5383 - 9021 - 6

Ⅰ.①中… Ⅱ.①李… Ⅲ.①天文学—青年读物②天
文学—少年读物 Ⅳ.①P1 - 49

中国版本图书馆 CIP 数据核字 (2012) 第116290号

中小学生天文常识一本通

ZHONG-XIAOXUESHENG TIANWEN CHANGSHI YIBENTONG　　李耀春　编写

策划编辑	刘军　潘宏竹
责任编辑	刘桂琴　　　　　　　　　　　　　　　**装帧设计**　王洪义
出版	吉林出版集团股份有限公司（长春市福祉大路5788号　邮编 130118） 吉林教育出版社（长春市同志街1991号　邮编 130021）
发行	吉林教育出版社
印刷	北京一鑫印务有限责任公司
开本	710毫米×1000毫米　1/16　　**印张** 11.5　　**字数** 146 千字
版次	2012 年 6 月第 1 版　　**印次**　2022 年 10 月第 2 次印刷
书号	ISBN 978 - 7 - 5383 - 9021 - 6
定价	39.80 元

吉教图书　　版权所有　　盗版必究

编 委 会

主　　编：王世斌

执行主编：王保华

编委会成员：尹英俊　尹曾花　付晓霞

刘　军　刘桂琴　刘　静

张　瑜　庞　博　姜　磊

潘宏竹

（按姓氏笔画排序）

总 序

千秋基业，教育为本；源浚流畅，本固枝荣。

什么是校园文化？所谓"文化"是人类所创造的精神财富的总和，如文学、艺术、教育、科学等。而"校园文化"是人类所创造的一切精神财富在校园中的集中体现。"和谐校园文化建设"，贵在和谐，重在建设。

建设和谐的校园文化，就是要改变僵化死板的教学模式，要引导学生走出教室，走进自然，了解社会，感悟人生，逐步读懂人生、自然、社会这三本大书。

深化教育改革，加快教育发展，构建和谐校园文化，"路漫漫其修远兮"，奋斗正未有穷期。和谐校园文化建设的研究课题重大，意义重要，内涵丰富，是教育工作的一个永恒主题。和谐校园文化建设的实施方向正确，重点突出，是教育思想的根本转变和教育运行机制的全面更新。

我们出版的这套《和谐校园文化建设读本》，既有理论上的阐释，又有实践中的总结；既有学科领域的有益探索，又有教学管理方面的经验提炼；既有声情并茂的童年感悟；又有惟妙惟肖的机智幽默；既有古代哲人的至理名言，又有现代大师的谆谆教诲；既有自然科学各个领域的有趣知识；又有社会科学各个方面的启迪与感悟。笔触所及，涵盖了家庭教育、学校教育和社会教育的各个侧面以及教育教学工作的各个环节，全书立意深邃，观念新异，内容翔实，切合实际。

我们深信：广大中小学师生经过不平凡的奋斗历程，必将沐浴着时代的春风，吸吮着改革的甘露，认真地总结过去，正确地审视现在，科学地规划未来，以崭新的姿态向和谐校园文化建设的更高目标迈进。

让和谐校园文化之花灿然怒放！

本书编委会

目 录

第一章　探究星星的秘密

星星的数量

在晴朗的夜晚，当你仰望满天繁星时，有没有想过要数数眼前的星星到底有多少颗呢？我们知道，关于星星的谜语和歌曲很多，儿歌里说："天上星亮晶晶，数也数不清。"它们大都和我们的童年有关，或许童年的你也数过星星吧？恐怕是数着数着，就记不清了吧。于是，大人会对我们说："别白费劲了，星星根本数不清。"

星星真的数不清吗？我们肉眼能看的星星，到底有多少呢？

天文学家告诉我们：

人们肉眼可见的星星是数得清的。星星也像太阳一样，从东边升起到西边落下，一个人在同一时刻只能看到天空的一半，另一半在地平线下面，我们看不到，因此我们在同一天空肉眼看到的星星只有3000颗左右。

天文学家用划分星座的方法仔细计算结果，发现全天空肉眼可以看到的星星，总共有6974颗。

如果我们用望远镜看，哪怕只用一架最小的望远镜，也可以看到5万多颗星星。

用现代最大的天文望远镜，人们可以看到的星星至少在10亿颗以上。

有些星球离我们实在太遥远，它们在巨大的天文望远镜里，看起来也只是一个模糊的光斑。

宇宙是无穷无尽的。现代天文学家所能看到的，只不过是宇宙的一小部分。另外，我们今天看到的星星，也许是几十、几百亿光年前的星星发出的光到达了我们这里，而实际上，这颗星星也许已经不存在了……宇宙中究竟有多少巨大的星系？有多少颗星星是依然存在的？

星星为何眨眼睛

"天上的星亮晶晶，对着我眨眼睛。"你也许也会唱这首儿歌吧？现在我们知道了，星星不是动物，自然不会有眼睛。可是，我们明明看见星星在一闪一闪的，这是怎么回事呢？是不是我们自己的眼睛在眨，造成了"星星眨眼"的错觉呢？

天文学家为我们揭开了这个秘密，原来是大气在作怪。

包围着地球的大气层不是静止不动的。热空气上升，冷空气下降，使得大气动荡不定。而且各层大气的温度、密度又各不相同，这就阻碍了光的直线传播，造成了不同程度的折射。远处的景物在我们眼里就变得闪动了。夏天我们围坐在篝火旁，透过火光看对面的景物时，是不是觉得有些物体摇摇晃晃？烈日炎炎的盛夏，远方的景物也总是忽忽悠悠，这跟星星眨眼睛是同一个道理。星光射到地球时，要经过多次折射，时聚时散。我们通过地球周围那层厚厚的动荡不定的大气层看星星，就会觉得星星总是在晃动。又因为星星距离我们很远很远，我们看不太清楚，就觉得星星是一闪一闪的。

如果有一天你到了月球上，那时再看星星，就没有"一闪一闪"的感觉了，因为月球上没有空气。

让人遐想的星系

当遥望星空时，横贯天际、蔚为壮观的星空总能让人思绪万千，产生瑰丽奇想。在天文学中，我们把这种由千百亿颗恒星以及分布在它们之间的星际气体、宇宙尘埃等构成的物质，拥有成千上万亿光年空间距离的天体系统叫作"星系"。我们头顶的太阳就是银河系中普通的一颗恒星。

除了银河，宇宙中还有其他的星系。通过各种科学的方法，人们现在已经观察到的星系有好几万个。不过，由于距离太遥远，它们看起来远不如银河那么璀璨夺目。即便是借助望远镜，它们看起来也只是像朦胧的云雾。通常情况下，我们把除银河以外的星系，统称为"河外星系"。

星系的形状是非常繁杂的，可以大致地分为椭圆星系、透镜星系、旋涡星系、棒旋星系和不规则星系五种。星系在太空中的分布也并不是均匀的，往往聚集成团。少的三五成群，多的则可能好几百个堆积在一起。人们又把这种集团叫作"星系团"。

星系和它包含的恒星时刻都是运动的。例如：地球绕着太阳旋转，同时太阳又在绕银河系的中心运动着，而银河系作为一个整体，本身也在运动着。在星系内部，恒星有两种运动的方式：它一面绕着星系的核心旋转，与此同时还在一定的范围内随机地运动（科学家称之为"弥散运动"）。

星系的起源和演化，与宇宙诞生早期的演化联系甚密。比较普遍的一种看法是：当宇宙从猛烈的爆发中产生大量的物质被抛射到空间中，形成了宇宙中的"气体云"。这些气体云的本身是保持平衡的，但是在某种作用下，平衡遭到了破坏，物质聚集在一起，质量高达今天太阳质量的上千亿倍。这些物质团后来在运动中分裂散开，并最终形成无数颗恒星。这样，就形成了原始的星系。一般认为星系形成的时期在一百亿年前左右。

我们的银河系

在晴朗无月的夜晚，我们可以看到天空上一条白茫茫的光带。它环绕整个天空，我国古人称之为天河、星河、银河、银汉、天津等，西方人称之为"牛奶之路"（milkway）。1609年伽利略利用望远镜观测星空后，人们才知道，银河是由许许多多的星星组成的，并没有什么天河。

将全天的恒星与银河作为一个天体系统，则是英国天文学家威廉·赫歇耳提出的，他是通过恒星的直接计数发现的。恒星计数是相当困难的工作，他和他的妹妹嘉洛琳在长达十几年的时间内，做了1083次观测，共计数了11.76万颗恒星。1785年赫歇耳在《论星空的结构》一文中，宣布了自己研究的结果：全天的星星组成一个有点破口的铁饼状，他起名为银河系，这是天文学史上的第二个银河系模型。后来人们查出，图中的那个缺口恰是银河在天鹅座附近的"煤袋"，那里充满了气体与尘埃，把它后面的恒星的光给吸收掉了，所以人们看不到一颗星。

威廉·赫歇耳由于在恒星天文学上的开创性工作，被后人尊称为"恒星天文学之父"。

赫歇耳把太阳系作为银河系的中心，但实际上并不是这样的。美国天文学家沙普利利用当时世界上最大的望远镜（口径为2.5米，在威尔逊山天文台），观测了不少球状星团。由球状星团的分布，他得出银河系的中心在人马座方向，而太阳系位于银河系的边缘附近。沙普利估计银河系的直径约为30万光年，太阳距离银河系中心约有6万光年。不过这个模型比现代测定的要大得多。

对于银河系的重大研究成果是荷兰天文学家奥尔特所完成的。1927年，他依据恒星的自行和视向速度确定了银河系自转的公式，来说明整个银河系在旋转着。太阳系以每秒250千米的速度绕银河系中心做圆周运动，估计2.5亿年公转一周。他还算出银河系的质量是$1.4×10^{11}$个太阳质量。

1930年，瑞士天文学家特朗普勒指出，星际空间并不是空无一物，而是充满了一种极稀

威廉·赫歇耳

薄的雾状物质，它能吸收远方的星光（称"星际吸光"或"星际消光"），使得它们显得比实际的距离要远些。球状星团被星际消光改正后，距离就大为缩小，因此沙普利的银河系直径只有10万光年，同奥尔特推算的结果相符合。

对于银河系构造的进一步研究，主要依赖于射电天文方法。1951年美国哈佛天文台的珀塞尔、尤恩等首先观测到来自银河的波长21厘米的谱线信号。21厘米谱线是氢原子云发射的，而氢原子云是构成星际物质的主要成分。因此，通过中性氢21厘米谱线就能了解银河系的结构。奥尔特等人就是依据这种探测，证实了早先有人提出的银河系具有旋涡构造这一论证。

现在，人们通过光学、射电及空间观测手段，对于我们银河系的构造有了较深入的了解。

　　银河系的主要物质组成一个扁的铁饼形。中央鼓出，两边细长。银盘直径约为 7 万光年。银盘平均厚度约 5000 光年，中心核球直径约 1 万光年。在核球正中还有一个银核，直径约 30 光年，在主要发光部分以外，还有一些老年恒星与尘埃气体组成的"雾球"，称为银晕。银晕的直径约为 10 万光年。近年来，发现在银晕以外，还有极稀薄的气体组成的银冕。银冕的直径约有 60 万光年。

　　银河系具有旋涡结构，绝大部分的恒星与星际物质分布在 3 条旋臂上，称为人马臂、猎户臂与英仙臂。太阳位于猎户臂的内侧。此外，在银河系中心方向还发现了一条 3000 秒差距臂。旋臂间的距离约 1600 秒差距。在银河系中心直径为 2 万光年的范围内充满了激烈的氢气湍流。

谁是银河系的中心

　　古希腊人认为，人类居住的地球是宇宙中心。到 16 世纪，哥白尼把地球降为一颗普通行星，把太阳作为宇宙中心天体。到 18 世纪，赫歇尔认为，太阳是银河系的中心。20 世纪初，卡普利把太阳流放到银河系的旋臂上，离银河系中心有几万光年之遥。

　　当太阳"离开银心"之后，谁坐镇银河中心是天文学家关注的一个大问题。特别是银心的距离并不算远，理应把它的"主人"搞清楚。然而，人们对银心的观测并不容易，原因是银心处充满了尘埃。这层厚厚的面纱实在令人难以窥见其中的奥秘。

　　随着观测手段的不断改进，人们对银心的了解也在不断增加。这主要是接收尘埃无法遮挡的红外线和射电源。它们就像医生测人体心电图一样，从红外线和射电波送来大量有用的信息。美国贝尔实验室的工程师詹斯基就是最先接收到银心射电波的人。

人们推测，由于银心核球的红外线和射电波信号很强，它似乎不是一个简单的恒星密集核心，它可能是质量极大的矮星群。1971年，英国天文学家认为，核球中心部有一个大质量的致密核，或许还是一个黑洞，其质量约为太阳质量的100万倍。可是，如果真是一个黑洞，银心应有一个强大的射电源。

20世纪80年代，天文学家探测到以每秒200千米的速度围绕银心运动的气体流，而离中心越远、速度越慢。他们估计这只是银心黑洞的影子。

一些天文学家也宣布探测到银心的射电源，这说明银心可能是一个黑洞。

另一些天文学家则认为，证明银心是黑洞的证据不足。他们认为，银心可能是恒星的诞生地，因为其中心有大量的分子云，总质量为太阳质量的10万倍，温度为200～300K。

天文学家很关心银心是否真的是黑洞，为此，美国天文学家海尔斯提出了一个判据，即一对质量与太阳相当的双星从黑洞旁掠过时，其中一颗被黑洞吸进后，另一颗则以极高速度被抛射出去。经过计算，根据掠过黑洞表面的距离，这样的机会并不大。海尔斯的判据虽不能最终解决问题，但不失为一条探测的方法。然而，要最终搞清楚银心的构成仍有许多工作要做。

星星有多远

夜晚我们看见的星星，绝大多数是恒星。"恒"是表示永久、不变的意思。在地球上看来，从各个恒星的相对位置来说，它们似乎是不变的；它们的亮度也似乎不变。但这是由于恒星距离我们十分遥远，它们的运动与变化在短时间内不容易看出罢了。

根据研究，恒星就是一个个远方的太阳；反过来可以说，太阳是离我们最近的一颗恒星，而且无论从大小与变化来看，太阳只是一颗普通的恒星。

在观察天空星星的时候，总会有人问这样一个问题：这么多星星，它们离我们有多远呢？

恒星是很遥远的，用天文单位来表示还是欠妥，因此常用"光年"为单位。光年就是光在一年中所走过的距离，也就是 1 光年＝365×24×86400×299792 千米≈9.46×10^{12} 千米。或粗略地说，1 光年等于 10 万亿千米。

天文学在讲到星系与河外星系的距离时，就常用秒差距为单位。

在求恒星的距离时，通常是测量被测星与一些暗星的角距离。这里已假定那些暗星是无穷远的，因而当作不动的参考点。我们在一年中的某个时候，比如在 3 月 21 日，通过天文望远镜拍下被测星与暗的比较星。经过半年之后，当地球走到轨道直径的另一头时，即如 9 月 23 日，再拍摄一次被测星与比较星，这样观测就完成了。然后将两张底片对叠起来看，被测星相对比较星移动过一段距离，将这段距离化为角度大小。这个角度就是由于地球的移动而产生的被测星的视差位移。取其中一半角度，即是被测星的视差值。

实际测星并不是观测一两次，而是在几年内多次拍摄被测星与比较星的同一天区。并且，在计算中还要考虑到恒星本身的运动以及地球运动带来的影响。因此恒星视差测量是很复杂的天体测量工作。比如俄国天文学家 W·斯特鲁维观测北部天空最亮的星——织女星，从

1835 年开始观测，到 1838 年才大功告成。

对于比较遥远的恒星，大多用统计的方法来求视差，其中最常用的是由恒星的亮度去算出距离。

恒星的亮度取决于两个因素，一是它的发光强度（叫"光度"），一是它所处的距离的远近。为了比较恒星的光度，必须设想把星星统统"移到"相同的距离处，方能比出个高低来。为此，天文学上选取一个标准距离，定为 10 个秒差距或 32.6 光年（其实是为了计算的方便而选取的），一颗恒星"移到"标准距离处所具有的亮度，叫作"绝对星等"，以 M 表示。绝对星等基本上表示一颗星的真实光度。

在标准距离处，太阳只相当于一颗 5 等星。

只要我们设法求出恒星的绝对星等，那么由公式就可计算出恒星的距离。

比如根据恒星的光谱特征，根据造父变星的"周光关系"等。此外，还可根据恒星的运动去求出它的距离。

我们通常讲的恒星距离"我们"有多远，实际上是距离"太阳"有多远。因为相对于恒星而言，日地距离是微不足道的，所以，用"我们"来代替"太阳"。这样，距离我们最近的一颗恒星是半人马座的 α 星，中名南门二。实际上，南门二是三颗星组成的小系统，其中有一颗离我们最近的，称为"比邻星"或"半人马座比邻星"，它的距离为 4.22 光年。要到"比邻星"上旅游观光，可真不容易，就是坐上每小时 4 万 5 千米的宇宙飞船，也得花 11.5 万多年！

至于最远的恒星有多远，那就难确定了。如果将银河系外的星系中的恒星也算在内，那么，最远的恒星的距离应当在 200 亿光年以上。随着科学技术的发展，也许将来还可以发现距离我们更为遥远的恒星呢！

活动的星系

古时候，人们用肉眼看见天上有一片片云雾状的天体，就称其为"星云"。比如在仙女座内就有一个星云，叫作仙女座大星云。猎户座中三星的下边有一片星云，叫作猎户座大星云。用"大"是表示它占的区域比较大，又比较亮。这些星云到底是什么东西呢？有的人说它是气体与尘埃，有的说是像银河系一样的恒星城。在望远镜口径不够大时，人们难以看清星云究竟是什么。

1774—1784 年，法国天文学家梅西耶编了一个星云星团表（称为《梅西耶星表》），其包含有 109 个天体，各天体用 M1，M2……来排列。比如仙女座大星云是 M31，猎户座大星云为 M42。后来，人们查出 M 星表实际上是 103 个，因为其中有 6 个是重复记录或误认的。

随着望远镜制造得越来越大，人们发现的星云就越来越多了。1888 年丹麦的德雷耶尔出版了《星团星云新总表》（代号为 NGC），包含有 7840 个星云；NGC 的补编称为 IC 表，包含有 1.3 万多个星云。这样，同一个星云就有几个叫法，如猎户座大星云 M42 也是 NGC1976。

19 世纪中叶，天体分光术兴起，人们从一些星云的光谱中发现，有些星云实际上是发光的气体。与此同时，哈勃还利用星云中几个造父变星，求出该星云的距离是 90 万光年，远在我们银河系之外。到这时候，人们才认识到星云可分为本质不同的两类，一类是银河系内的气体星云；另一类是像银河系一样的星系，通称为"河外星系"。过去，人们用世界上最大的望远镜已发现约 1 亿个星系。

河外星系的形状是各式各样的。简略地分可分为椭圆星系、旋涡星系与不规则星系，也可细分为椭圆、透镜、旋涡、棒旋和不规则 5 个类型。各大类型又可细分为几个次型。哈勃的分类系统像个音叉，有时也称为星系音叉图。音叉图中没给出不规则星系，此类星系甚少，约占 3％。著名的有大麦哲伦星云与小麦哲伦星云，是航海家麦哲伦在南半球发现的两个河外星系，它们的距离分别为 17 万光年与 18 万光年，都是距离我们较近的河外星系。

绝大多数星系是比较稳定的，长时间内光度不怎么变化（通称为"正常星系"），但也有不少星系是不稳定的，可以称之为"特殊星系"。

特殊星系有塞佛特星系、马卡良星系、N 星系、射电星系、类星体等。这种分类也不是绝对的，各类之间有重叠交叉的情况。例如，至少有 10％的马卡良星系可归入塞佛特星系，N 星系中很多是属于射电星系。

射电星系就是辐射无线电波的星系，它们的电波很强，比如用射电望远镜去巡天，很容易就可接收到天鹅座 α 及半人马座 α（NGC5128）的讯号。这些星系的电波很强。这一情况有几种原因：有的可能是一个星系正在分裂开来；有的可能是两个星系相碰撞；有的是巨大的椭圆星系，内部有激烈的活动。但详细情况目前仍然不是很清楚。

N 星系是美国摩根的星系分类中的一种，它们的中心有一个恒星状的致密亮核，核的外面有一个微弱的延伸的星云状包层。

马卡良星系是苏联天文学家马卡良发现的一种星系，它们有强紫外连续谱线。现代人们发现马卡良星系中很多是密近的并且相互作用很强的双重星系。

最值得注意的是塞佛特星系。塞佛特是美国天文学家，他发现旋涡星系中有一类星系很特别，它们的核非常小，但十分亮。它们一般不超过 10 光年，可是从核里辐射出来的能量却可以超过正常星系总能量的 100 倍！从谱线分析，核里有向外喷射的现象，速度达到 500 千米/秒～4000 千米/秒。该星系有很强的紫外辐射及红外辐射。光度往往发生快速变化，变化幅度达两三倍，变化的时间由几天到几年。根据这些特点，可以推知塞佛特星系有小到光年以下的，甚至比太阳系大不了十几倍的异常活动区。这些活动区辐射出来的能量超过银河系总辐射的上百倍。

类星体

类星体是人们在寻找射电源的光学对映体中发现的。此后，它立即引起了天文界的重视。

类星体是在 1960 年开始被发现的。在那以前，射电天文工作者已发现了空中几百颗射电源，但是这些"源"究竟是什么天体，需要进一步去找出源的光学对映体。美国天文学家桑迪奇等在 1960 年利用当时世界上最大的 5 米望远镜去搜索，发现了射电源 3C48 的位置上是一颗亮度为 16 等的蓝星。但这颗星的光谱中有发射线，奇怪的是谁也认不出这是什么元素的发射线。不久，又有人发现了 3C273 对应于一颗亮度为 12.5 等的星，但这颗星的光谱线也认不出来。一直到 1963 年，美国天文学家施密特大胆地设想，如果将氢元素的谱线从正常位置向红端移一大段距离（称"红移"），那么这个问题就可迎刃而解了。

施密特得出 3C273 的红移量是 0.158。有人算出 3C48 的红移量为 0.367。在计算谱线红移后，这些对映体的光谱就可认识了。

谱线红移，对于天文学家并不陌生。一般恒星的谱线红移只有千分之几。在光谱上看来只是使谱线稍有移动，不至于移动得面目全非。但是，这些天体红移太大了，所以它们看起来像恒星一样，但毕竟不是恒星，因而称之为类星射电源或类星体。

至今人们已发现了两三千颗类星体，其中有 1000 多颗为我国天文学家何香涛教授所发现，这使我国在类星体的发现上居世界先进行列。这些类星体的特点可以概括为：

（1）有类似恒星的像，极少数有微弱的星云状包层，还有的有喷流。

（2）光谱中有又强又宽的发射谱线。

（3）光谱线具有很大的红移量，是已知所有天体中最大的。

（4）有很强的紫外线辐射，所以多数类星体的颜色都显得很蓝。

（5）一般有光度变化，光变周期时标从几小时到几十年。

（6）不少类星体是强射电源，部分是强 X 射线源（比如 3C273X 射线辐射光度达到 1039 瓦）。

当然，还有其他一些特点，但不是很重要。

从光变周期来分析，类星体应是比较小的。大小只有几光年至几光时（相当于普通星系的十几万分之一，以至百万分之一）。但它的光度却无与伦比，在这么小的范围内可发出比银河系还要高出上万倍的辐射能量，不能不令人感到惊奇。

从红移量可以推算出类星体的距离。在接近光速的条件下，要考虑相对论效应。3C48 与 3C273 两个天体的距离为 28 亿光年和 65 亿光年。而有的类星体已经达到 100 多亿光年，接近于"观测的宇宙"的边缘了。在那么遥远的地方，它能被人们观测到，也说明它的辐射能量是极其巨大的。

但是，类星体的大能量又是从何而来的？或许类星体并不那么远（红移不用多普勒效应来表示），那它的大能量就能得到部分的解释。有的人认为，类星体是活动的星系核。核中有无数的超新星在不断地爆炸着，因而产生出巨大的能量。还有人认为，星系核中有巨大质量的黑洞（质量为太阳的 $10^7 \sim 10^9$ 倍），是黑洞的吸积作用产生出高能量的。可是这大黑洞本身又是从何而来的？还有其他的解释，都不能令人满意，所以类星体的能源仍然是个谜。

类星体是最遥远的星系，那就暗示着它可能是最早期的星系，在它辐射的能量衰退到一定程度时，就演化为塞佛特星系。而塞佛特星系衰老了，就变成较为平和的活动星系（如射电星系），最后变为普通星系（如银河系）。但演化的途径也是很复杂的。类星体可能并不全部演化为今天的普通星系，而有的星系也许不是从类星体演化来的。但也许可以说，一部分星系是从类星体演化来的。

彗星王国之最

（1）彗尾最多的彗星 1744 年 3 月，"德切宇"彗星最亮时，拖着至少 6 条又亮又宽的尾巴，迄今为止，它仍是拥有最多彗尾的彗星。

（2）周期最短的彗星 1786 年，历经 30 多年后才得以命名的"恩克"彗星，是迄今所知周期最短的彗星。其周期约为 3.3 年，也是继哈雷彗星后第二颗被预言回归的彗星。

（3）彗头最大的彗星 1811 年，这年出现的一颗特大彗星，彗头直径约 180 万～200 万千米，比太阳的直径 139.2 万千米还长。其彗尾长 1.6 亿千米。

（4）彗尾最长的彗星 1843 年，一颗明亮的大彗星的尾长 3.2 亿千米，一个半世纪以来，它一直保持彗尾长度冠军纪录。

（5）最为神秘的彗星 1846年1月13日这天，比拉彗星出人意料地突然一分为二，仅一个月，这大小两颗比拉彗星就已相距24万千米。6年后它们再度回归时，已远离240万千米，以后便神奇地失踪了。直到20年后的1872年12月27日，在比拉彗星按周期应回归的时候，一场罕见的盛大流星雨出现了，辐射点在仙女座，流星雨持续达五六个小时，流星数约有16万颗以上。原来神秘失踪的比拉彗星已彻底崩溃，化作了流星体在原轨道上运行。每年1月底，地球穿越这条轨道时，都会有规模不等的流星雨发生。

（6）最为美丽的彗星 1858年6月2日，意大利天文学家多纳蒂发现的多纳蒂彗星，以其粗大而又弯曲的彗尾博得天文学史上"最美丽的彗星"的桂冠。

（7）最早取得光谱的彗星 1864年，多纳蒂第一次取得一颗彗星的光谱，并发现彗星光谱不完全与太阳光谱相同，一些光谱线竟是太阳光谱中从未有过的。

（8）最早有彗星照片的彗星 1882年，英国天文学家吉尔在好望角拍得历史上第一张清晰的彗星照片。

（9）周期最长的彗星 1914年，"德拉温"彗星公转周期被认定为2400万年，尽管这个周期可能不那么准确，但它仍是目前认定周期最长的彗星。

（10）最为怪诞的彗星 1957年4月，曾一度亮到能用肉眼看到的阿兰德—罗兰彗星，有一条长钉状的指向太阳的反常彗尾，因此被认为是一颗最怪诞的彗星。

（11）最早发现有彗云的彗星 1969年，"轨道天文台—2"从地球大气外第一次发现多胡—佐藤—小坂彗星头部周围,包着一层直径达160万千米的彗云,或称氢云。

(12)最为勇敢的彗星 1979年,人造卫星发现一颗掠日彗星正以每秒560千米的高速度,勇敢地向太阳冲撞过去。这种壮烈景象前所未有。

(13)最盛大的彗星观测 1986年,迄今人类最盛大的彗星观测活动是在哈雷彗星本世纪的第二个回归年。为观测这次回归的哈雷彗星,《国际哈雷彗星联测》组织并协调全世界的专业和业余、地面和空间观测计划。6个空间探测器飞临彗星,"乔托"号进入彗发深处,距离彗核仅500米。

(14)最为罕见的彗星 1994年7月,苏梅克—利维彗星的20多个碎块,先后撞向木星,这种奇观是天文观测史上最为罕见的。

有趣的哈雷彗星

1. 哈雷给"扫把星"正名

哈雷彗星

17世纪80年代之前的漫长岁月里,人们由于对彗星的困惑而显得惶惶不安。我国古人对彗星也是避之唯恐不及，认为彗星是"扫把星"，会给人们带来霉运。在欧洲，丹麦有个名叫布拉乌的天文学家，把彗星当作"妖星"，并给它涂上了神秘的色彩。他认为"彗星是由人类的罪恶造成：罪恶上升，形成气体，上帝一怒之下，把它燃烧起来，变成丑陋的星体。这个星体的毒气，散布到大地，又形成瘟疫、风雹等灾害，惩罚人类的罪行。"他的理论让无数人对彗星心生恐惧。因此，1682 年的一个晴朗夜晚，当一颗奇异的星星，拖着一条闪闪发光的长尾巴，出现在天空中时，一时间，人们惊恐万分。

然而，英国天文学家爱德蒙·哈雷却没有人云亦云，他对这颗彗星毫无惧色，决心要揭开所谓"妖星"的真面目。

哈雷对英国和世界各地历史上有关彗星的观测资料进行了研究，并对其中 24 颗彗星的轨道进行了计算，发现 1513 年、1607 年和 1682 年出现的 3 颗彗星的轨道十分接近，时间间隔又恰恰都是 76 年左右，于是断定，这是同一颗彗星，并预测这颗彗星下一次回归的时间：1758 年 12 月 25 日。这一天，壮观的大彗星果然如期莅临。为纪念这位科学家的预言，人们将这颗曾顶着"妖星"恶名的彗星，定名为"哈雷彗星"。

据我国天文学家张钰哲推算，从公元前 240 年起，哈雷彗星每次出现，我国都有记载：其次数之多和记录之详，是其他国家所没有的。哈雷彗星的原始质量估计小于 10 万亿吨。如取近似值，彗核平均密度为每立方厘米 1 克，则彗核半径应小于 15 千米。估计它每公转一圈，质量减少约 20 亿吨，这个数量对彗星来说只是其总质量的很小一部分，因此它还会存在很久。

2. 揭秘哈雷彗星的彗核

现在，人们已知道彗星内部的主要成分是冻成冰的气体和尘埃，以及大石块。那扫帚般的长尾巴主要由氮、碳、氧和氢等各种化合物、自由原子构成的。

哈雷彗星有一条十分壮观的彗尾，有一头美丽明亮的彗发，它的彗核是个什么模样？人类一直想一睹它的风采。

这颗迟迟不肯以真面目示人的哈雷彗星的彗核，原来是个又丑又脏的家伙。其模样长得与其说像一个带壳的花生，不如比作一个烤糊了的土豆更为贴切。表皮裂纹累累，皱皱巴巴，其脏、黑程度令人难以想象。它最长处 16 千米，最宽处和最厚处各约 8.2 千米和 7.5 千米，质量约有 3000 亿吨，体积约 500 立方千米。表面温度为 30～100℃。彗核表面至少有 5～7 个地方在不断向外抛射尘埃和气体。彗核的成分以冰为主，占 70%。其他成分是一氧化碳（10%～15%）、二氧化碳、碳氧化合物、氢氰酸等。整个彗核的密度是冰的 10%～40%，所以，它是个很松散的大雪堆而已。在彗核深层是原始物质和较易挥发的冰块，周围是含有硅酸盐和碳氢化合物的水冰包层，最外层则是呈蜂窝状的难熔的碳质层。

哈雷彗星在茫茫宇宙的旅行中，不断向外抛射着尘埃和气体。其彗核表面至少有 5～7 处抛射点。从上次回归以来，哈雷彗星已总共损失 1.5 亿吨物质，彗核直径缩小了 4～5 米，照这样下去，它还能绕太阳 2000～3000 圈，寿命也许到不了 100 万年了。

星　云

当我们讲到宇宙空间时，我们往往会想到那里是一无所有、黑暗寂静的真空。其实，这不完全对。恒星之间广阔无垠的空间也许是寂静的，但绝对不是真正的"真空"，而是存在着各种各样的物质。这些物质包括星际气体、尘埃和粒子流等,人们把它们叫作"星际物质"。

星际物质与天体的演化有着密切的联系。据观测证实,星际气体主要由氢和氦两种元素构成,不同恒星的成分是一样的。人们甚至猜想,恒星是由星际气体"凝结"而成的。星际尘埃是一些很小的固态物质,成分包括碳合物、氧化物等。

星际物质在宇宙空间的分布并不均匀。在引力作用下,某些地方的气体和尘埃可能相互吸引而密集起来,形成云雾状,人们形象地把它们叫作"星云"。按照形态,银河系中的星云可以分为弥漫星云、行星状星云等几种。

(1)弥漫星云。正如它的名称一样,没有明显的边界,常常呈不规则形状。它们的直径在几十光年左右,密度平均为每立方厘米10~

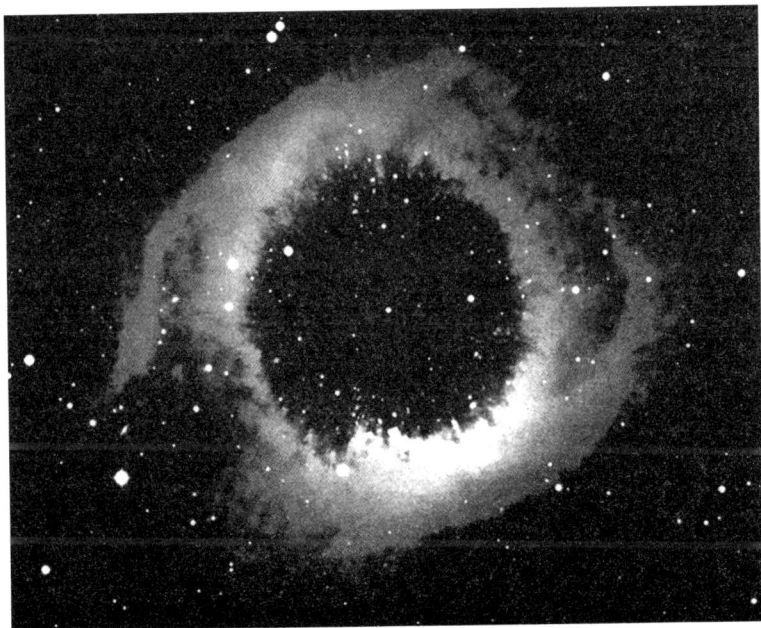

宝瓶座耳状星云

100个原子（事实上这比实验室里得到的真空要低得多）。它们主要分布在银道面附近。比较著名的弥漫星云有猎户座大星云、马头星云等。

（2）行星状星云。它样子有点像吐出的烟圈，中心是空的，而且往往有一颗很亮的恒星。恒星不断向外抛射物质，形成星云。可见，行星状星云是恒星晚年演化的结果。比较著名的有宝瓶座耳轮状星云和天琴座环状星云。

新　星

有时候，当你遥望星空，可能会惊奇地发现，在天上的某一星区，出现了一颗从来没有见过的明亮星星！然而仅仅过了几个月甚至几天，它又神秘消失了。

这种"奇特"的星星叫作新星或者超新星。在我国古代又被称为"客星"，意思是这是一颗"来做客"的星星。

新星和超新星是变星中的一个类别。人们看见它们突然出现，曾经一度以为它们是刚刚诞生的恒星，所以取名为"新星"。其实，它们不但不是新生的星体，相反，而是正走向衰亡的老年恒星，它们就是正在爆发的红巨星。当一颗恒星步入老年，它的中心会向内收缩，而外壳却朝外膨胀，形成一颗红巨星。红巨星很不稳定，总有一天它会猛烈地爆发，抛掉身上的外壳，露出藏在中心的白矮星或中子星来。

在大爆炸中，恒星将抛射掉自己大部分的质量，同时释放出巨大的能量。这样，在短短几天内，它的光度有可能将增加为原来的几十万倍，这样的星叫"新星"。如果恒星的爆发再猛烈些，它的光度增加甚至能超过1000万倍，这样的恒星叫作"超新星"。

现代天文学已证实，著名的蟹状星云、古姆星云及幕状星云都是

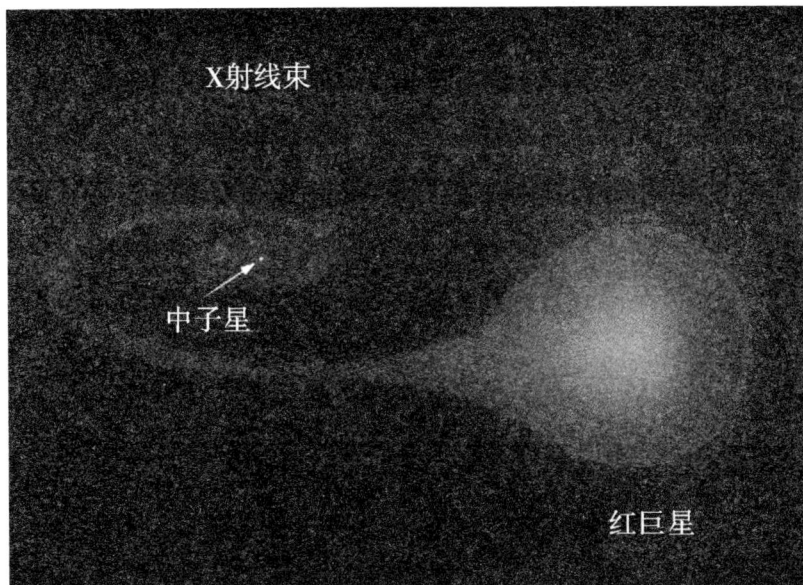

X射线束

中子星

红巨星

恒星的转变

恒星爆炸后的遗骸——超新星遗迹。超新星是大质量恒星（其质量是太阳质量的 10 倍以上）在晚年发生激烈的、粉碎性的爆炸现象。

大质量的恒星在晚年为什么会爆炸呢？

一些大质量的恒星，它的内部像一个巨大的不断燃烧着的热核反应炉。它们的里层，即星核以氢为燃料，氢燃料耗尽后，氦开始燃烧，其后是碳、氧，直到硅。每当恒星核心的一种燃料用完后，星核缺少能量时便开始收缩，收缩时释放出更大的引力能，使星核内部达到更高的温度，一直高到下一种燃料的点火温度，接着开始新的燃烧。恒星到了晚年，变得越来越不稳定，热核反应一轮接着一轮，温度越来越高，反应的速率一次比一次加快。当内部燃料耗尽、燃烧停止时，恒星的核心开始发生灾难性的坍缩，坍缩的过程极为短暂，几乎不到一秒钟。这突发的坍缩引起巨大的内部压力，就像突然用猛力挤压一个气球一样，逼迫着恒星星核的包层，包层被迅速加热，危及着包层内的"火药库"——氧、氢、氖等轻元素，这些轻元素正是恒星爆炸所需要的核燃料，最终导致了整个恒星爆炸，从而形成超新星爆炸。

有史以来，人类仅发现过6次银河系的超新星爆炸。到1988年止，人类发现671颗河外星系中的超新星。

超新星并不是"超级新生的星"，而是恒星演化过程中的一个关键阶段，有人把它称为恒星寿终前的"回光返照"。超新星的爆发比一般新星爆发强许多倍。一般新星爆炸后还可能再度出现，而超新星几乎要把整个星体爆炸掉，其爆发现象特别壮观，亮度可一下提高100亿倍。据我国史书记载：1054年金牛座超新星"昼见如太白，芒角四出，色赤红，凡见二十三日"。这颗超新星在东方天空出现时比金星还亮，白天都可以看到，如此罕见的天象持续了23天。700多年后，一位英国天文爱好者用望远镜在这颗超新星的位置上发现了一个螃蟹状的星云，这团气体正是1054年超新星的遗迹，而且这个星云仍在向外膨胀。

超新星爆发的激烈程度是让人难以置信的。据说它在几天内倾泻的能量，有一颗青年恒星在几亿年里所辐射那么多，以至它看上去就像一整个星系那样明亮！

新星或者超新星的爆发是天体演化中的重要环节。它是老年恒星辉煌的葬礼，同时又是新生恒星诞生的推动者。超新星的爆发可能会引发附近星云中无数颗恒星的诞生。另一方面，新星和超新星爆发的灰烬，也是形成别的天体的重要材料。有专家认为，今天我们地球上的许多物质元素就来自星空中那些早已消失的恒星。

对超新星及其物理现象的研究有助于全面研究天体的结构和演化规律。天文学家通过研究超新星的气体膨胀壳，以及它的亮度和温度，可以测量出超新星距离，进而推测出我们宇宙的大小。

中子星

当恒星外壳向外膨胀时，它的核受反作用力而收缩。核在巨大的压力和由此产生的高温下发生一系列复杂的物理变化，最后形成一颗中子星内核。而整个恒星将以一次极为壮观的爆炸来了结自己的生命。这就是天文学中著名的"超新星爆发"。

中子星的密度为 10^{11} 千克/立方厘米，也就是每立方厘米的质量竟为一亿吨！对比起白矮星的几十吨/立方厘米，后者似乎又不值一提了。事实上，中子星的质量如此之大，半径十千米的中子星的质量就与太阳的质量相当了。

同白矮星一样，中子星也是处于演化后期的恒星，它也是在老年恒星的中心形成的。只不过能够形成中子星的恒星，其质量更大罢了。根据一些科学家的计算，当老年恒星的质量大于十个太阳的质量时，它就有可能最后变为一颗中子星，而质量小于十个太阳的恒星往往只能变化为一颗白矮星。

但是，中子星与白矮星的区别，绝不只是生成它们的恒星质量不同，它们的物质存在状态也是完全不同的。

简单地说，白矮星的密度虽然大，但还在正常物质结构能达到的最大密度范围内：电子还是电子，原子核还是原子核。而在中子星里，压力非常巨大，白矮星中的简并电子气体压力再也承受不起自身的引力了；电子被压缩到原子核中，同质子中和为中子，使原子变得仅由中子组成。而整个中子星就是由这样的原子核紧挨在一起形成的。可以这样说，中子星就是一个巨大的原子核。中子星的密度就是原子核的密度。

在形成的过程方面，中子星同白矮星也是非常类似的。

双　星

天文学家在研究恒星时，常提到"双星"这个名字。那么，何为双星呢？

我们知道，月球绕着地球旋转，地球绕着太阳旋转，都是引力的作用。恒星之间也存在引力，这就使一些距离较近的恒星相互绕转。天文学上把这种受引力相吸、互相绕转的两颗星叫作物理双星。

物理双星又分为目视双星和分光双星。

所谓目视双星，就是用目测就能看到的双星。如全天最亮的天狼星。人们用较大的望远镜就能目测出它是一颗相互绕转的双星。必须借助精密仪器，通过仔细分析才能发现的叫分光双星。如御夫座中最亮的α星——五车二就是一颗典型的"分光双星"。天文学家用分光仪器观测发现，它是由两颗大小相同、又十分靠近的炽热星球组成的。

除了物理双星外，还有一种特殊的双星，它们不是由引力系在一起的，也不互相绕转。它们本来是两颗相距遥远、互不相干的恒星，只是由于我们从地球上看它们似乎相距很近，所以也把它们归入双星类。这种双星叫光学双星。其实它们并不是真正的双星。

双星中较亮的一颗叫主星，另一颗叫伴星。每对双星中主、伴星的搭配都各不相同。有的主、伴星大小相同（如五车二）；有的主星比伴星重，有的则相反；有的主、伴星颜色一样，如五车二的主星和伴星的颜色都与太阳相似，呈微黄色；而天蝎座中的心宿二，主星是鲜红的，伴星却呈浅绿色，二者颜色截然不同。有的主星是爆发变星，或脉冲变星，或其他变星:白矮星、中子星、红巨星，甚至是黑洞；如天狼星的伴星就是白矮星。

恒星中还有些特殊的双星结构，如双子座中的北河三是由三对双星组成的聚星。半人马星座的南门二是一颗三合星，由 A、B、C 三星组成，三颗星做相互绕转运动。

对于天体物理学家来说，双星是能提供给人们最多信息的天体，从双星可以得到比单个恒星更多的信息和恒星演化的秘密。

在浩瀚的银河系中，我们发现的半数以上的恒星都是双星体，它们之所以有时被误认为单个恒星，是因为构成双星的两颗恒星相距得太近了，它们绕共同的质量中心作圆形轨迹运动，以至于我们很难区分它们，这其中包括著名的第一亮星天狼星。天狼星主星天狼 A 的质量为 2.3 个太阳质量，其伴星天狼 B 是一颗质量仅为 0.98 个太阳质量的白矮星。按照恒星的演化理论，质量大的恒星将很快演化，首先耗尽其氢燃料；质量小的则有着很长的寿命。而一颗质量小于太阳的恒星从其诞生到白矮星至少要经过长达一百亿年的历史；而天狼星 A 有 2.3 个太阳质量，应该比其伴星更快演化，但事实上这颗星明显正在进行氢燃烧，是一颗完全正常的恒星。质量大的恒星还没有耗尽氢燃料，而质量小的却已经耗尽了氢而处于寿命的后期。这种情况不是唯一的，英仙座的大陵五双星及其他很多恒星也有类似情况，这些双星中都有一颗是白矮星或是中子星，甚至有可能是一个黑洞。

下面假设我们可以观测到一对双星的演变过程，做一次实地跟踪观测：

最初，A 星的质量大约为 2 至 3 个太阳质量，B 星为 1.5 个太阳质量。这以后，正如单个恒星演化过程一样，质量较大的恒星演化得很快，A 星首先消耗掉了大量的氢元素，其外层慢慢膨胀起来，很快膨胀为一颗红巨星，其半径不断增大，而其内部已经形成了一个半径约为太阳几十分之一的白矮星氦核。当A星外壳开始进入B星的引力范围时，A星的表面物质开始受B星的引力而离开A星表面流向B星表面。但由于两星相互公转以及B星的自转，流来的物质并没有立即落在表面，而是先在B星周围随B星自转形成一个碟状气体盘，然后才逐步降落在B星表面。于是A星不断有物质转移到B星，这使得A星的老化进程急剧加快，并以更快速度膨胀，甚至将B星的轨道吞没。这个过程将持续数万年。这以后，A星耗尽了它所有的剩余氢，而其巨大的外壳可以伸展到十几个太阳半径之外，但最终大部分将被B星所吸收。此刻，A星基本上全是由氦组成了，质量仅仅剩下为原来的1/5左右，而B星质量则增至原来的2倍多。这样，质量对比发生了明显变化：A星成了质量较小的致密的白矮星，而B星由于吸收了A星的大部分质量，体积增加了许多，成为双星中质量较大的恒星。A星周围原来膨胀的外壳在失去膨胀力后一部分逐渐降落到小白矮星上；而B星正处于中年期，继续其正常恒星的演化。这就是我们现在看到的天狼星及其伴星的情况。

这以后，这对双星继续演化，同原来一样，质量较大的恒星会以很快的速度进行演化，并在耗尽其内核附近的氢燃料后开始膨胀，进入红巨星阶段。此时，A星的强大引力将慢慢对B星不断膨大的表面上的物质起作用，物质开始从B星表面迅速流向A星。像从前一样，流来的物质在A星周围形成气体盘，并不断降落在A星表面。以后的时间里，B星由于丢失大量物质而缺少燃料迅速老化膨胀；A星则可能由于吸附了大量物质而塌陷成中子星甚至黑洞。B星将终于发生超新星爆发而结束其一生，把自身的大部分质量抛向宇宙，而在其中心留下一个致密的白矮星或中子星。

一对双星就这样转化成一对仍然相互作用转动的白矮星、中子星或黑洞。由于其间复杂的引力作用，双星的演化过程比单个恒星要短得多。这些都是每天在上演的恒星演化奇观。

脉冲星

起初，人们认为恒星是永远不变的。而大多数恒星的变化过程是如此的漫长，人们也根本觉察不到。然而，并不是所有的恒星都那么平静。后来人们发现，有些恒星也是变化多端的。于是，人们就给那些喜欢变化的恒星起了个专门的名字，叫"变星"。

脉冲星，就是变星的一种。脉冲星是在 1967 年首次被发现的。1967 年，英国剑桥大学建成了一座规模很大的射电望远镜天线阵（占地近 2 公顷），当年 7 月开始观测星空。初期的观测者天文学家休伊什的女研究生苏姗·乔斯琳·贝尔是一位极其细心的人。有一天，她在记录纸上发现有一段波形很特殊，她就将它放大来研究，发现它是一组间隔很小的脉冲信号，每两个脉冲的间隔都是 1.33 秒。后来的观测证明，这种脉冲讯号极其稳定，它来自狐狸座方向。开始时，人们曾经猜测这是一种地球以外的高智慧的"人"发射来的无线电信号。而这种"人"能通过自己皮肤直接进行光合作用，因而他们的皮肤是绿色的，被称为"小绿人"。

但是，如果脉冲信号果真是"小绿人"发出的，这"小绿人"应当居住在某个行星上，行星在围绕它自己的"太阳"旋转时，应该引起脉冲间隔时间的变化，但实际上没有观测到这种变化。到 1968 年 1月底，贝尔还发现另外 3 个地方也发来脉冲信号。这就怪了，要是真的有外星人，那么天上相距很远的 4 个地方的外星人怎么能约好在同一段

射电望远镜天线阵

时间里，用同一波段来打"电报"呢？因此，需要抛开外星人的设想，再从物理上考虑脉冲信号的问题。

人们想到了 20 世纪 40 年代有几个物理学家（如朗道、巴德、奥本海默）曾经提出，宇宙间可能存在由中子组成的"中子星"，中子星的直径只有 10~20 千米。质量一般不会超过太阳质量的 2 倍，这个值被称为奥本海默极限。当时没有更多的人去注意这个科学预言，但现在终于找到了答案。原来，高度稳定、短间隔的脉冲是由自转很快的中子星发出的。

经过几位天文学家一年的努力，终于证实，脉冲星就是正在快速自转的中子星。而且，正是由于它的快速自转才发出射电脉冲。

正如地球一样，恒星也有磁场和自转；还跟地球一样，恒星的磁场方向不一定跟自转轴在同一直线上。这样，每当恒星自转一周，它的磁场就会在空间画一个圆，而且可能扫过地球一次。

当然不是所有恒星都能发脉冲。要发出像脉冲星那样的射电信号，需要很强的磁场。而只有体积越小、质量越大的恒星，它的磁场才越强。而中子星正是这样高密度的恒星。

另一方面，当恒星体积越大、质量越大，它的自转周期就越长。我们很熟悉的地球自转一周要 24 小时，而脉冲星的自转周期竟然小于 1 秒！要达到这个速度，连白矮星都不行。这同样说明，只有高速旋转的中子星，才可能扮演脉冲星的角色。

这个结论一经发表，立即引起了巨大的轰动。因为虽然早在 20 世纪 30 年代，中子星就作为假说而被提了出来，但是一直没有得到证实，人们也不曾观测到中子星的存在。而且因为理论预言的中子星密度大得超出了人们的想象，在当时，人们还普遍对这个假说抱怀疑的态度。

直到脉冲星被发现后，经过计算，它的脉冲强度和频率只有像中子星那样体积小、密度大、质量大的星体才能达到。这样，中子星才真正由假说成为事实。这真是 20 世纪天文学上的一件大事。因此，脉冲星的发现，被称为 20 世纪 60 年代的四大天文学重要发现之一。

现今已发现有 500 多颗脉冲星，它们的脉冲周期有的短到 0.0015578 秒，有的长达 4.3 秒。观测说明，这周期就是中子星的自转周期。如果是别的天体，是不可能旋转这么快的。否则，这么高速度旋转起来，这个天体就散开了。中子星是高密度的小天体，密度高达 10^{18} 克/立方厘米，所以能高速旋转而不瓦解。

中子星为什么会发射有规律的无线电波呢？通常是用"灯塔效应"来解释的。在大海边上的灯塔以强大的光束扫过夜空，从远方看来是一闪一闪的光。中子星具有强大的磁场，磁场强度可达 10^8 特斯拉（磁感应强度单位）。电子沿磁力线作螺旋状运动时，就会辐射电磁波（即"同步加速辐射"）。如果磁轴与中子星的自转轴不重合，那么磁极就会绕自转轴旋转着。由磁极辐射的电磁波，就像旋转的灯塔一样扫过空间，当它扫过我们的射电望远镜时，就形成一个脉冲信号。中子星旋转一周，它的电磁波束也在空中扫一圈，我们就周期性地得到一次次脉冲信号。

脉冲星也是恒星演化到晚期的产物之一，质量比 4 个太阳质量更大的恒星，后期会发生超新星爆发。爆发与引力相结合，有向外与向内的作用。向外的是物质抛射成为星云，向内的巨大压力会把核心物质压缩得更为密实。理论上证明了，在巨大压力下，电子都被挤压到与质子相结合，成为中子简并态，密度达到 10^{15} 克/立方厘米以上。由这种物质构成的天体就是中子星。1968 年在蟹状星云（超新星爆发的遗迹）中找到了一颗脉冲星，证明了中子星的确是超新星爆发后形成的。

中子星内部不会有新能源，它的辐射能量必然只能从积存的转动能量来支付，因此它的自转会愈来愈慢，即周期在逐渐延长。近年来的精密观测证实了这一点（例如蟹状星云中子星大约 10 万年变慢 1 秒钟）。

我国学者对中子星做了不少理论研究，认为中子星还可能有更精细的结构。

“怪星”的秘密

1596 年，德国天文学家法布里修斯发表了《怪星小史》一书。书中谈到他发现天上有一颗星很奇怪。有时候看得见，有时候看不见，他将这颗忽隐忽现的星称为“怪星”，就是鲸鱼座 O 星。有的人将法布里修斯的发现看作是人类首次发现了亮度会变化的星——变星。

实际上最早发现变星的，当属我国古人。古时，我国的天文学家将光度会变化的星称为"客星"、"新星"。著名的记录见《天文志》记载:汉元光六年(前134年)六月"客星见于房(宿)"。而《宋史》所载公元1006年4月3日出现的"超新星"变光过程的描述(参见《中国天文学史》,科学出版社,1987)是世界公认的第一个变星记录。

1786年,皮戈特编制了第一个变星表,其中记载有8颗变星和4颗新星。1840年,阿格兰德尔(1799—1875)发明了"等级法"来观测恒星的亮度,因而逐渐发现了不少变星。约在1844年,他编的变星表中已有44颗变星。后来由于应用照相方法去测定恒星的亮度变化,发现的变星就大为增多了。至今人们发现的变星约3万颗。

法布里修斯的"怪星",最亮时可达1.7等,而最暗时只有10等左右,强弱相差2000多倍。由最亮到下一次最亮要经过近1年的时间(320~370天)。而当它的亮度减小到6等以下时,人们就见不到了,这个时间长达半年以上。所以在肉眼看来,它有时发光,有时又消失了,很奇怪。像鲸鱼座O星这样的变星称为"长周期变星"。有的周期可长达700多天。

在发现变星足够多时,人们就给它们分类。1881年,皮克林把变星分为新星、长周期变星、造父变星、不规则变星和食变星5类。这是第一个考虑到光变曲线的形态特征,也照顾到变光的物理起因的变星分类法。现在,人们根据变光本原,把变星重新划分为脉动变星、爆发变星和几何变星3大类。在3个大类之下,又按照光变形态和物理原因,细分为若干次型。

变星的观测研究对于了解恒星的演化过程有重要的意义,而这个工作是一般天文爱好者都可以做到的。

造父变星

在仙王座中有一颗典型的脉动变星,名为造父一(仙王座 δ)。它在最亮时达到 3.6 等,最暗时达到 4.3 等,变光幅度为 0.7 等。变光一次的时间(叫周期)约为 5.6 天。

造父一大小表示光度与该星大小的变化有关系。原来,造父一是一颗体积经常在膨胀与缩小的星。它就像一只橡皮球,当充气时,气球膨胀变大;放气时,气球收缩变小。气球不断地膨胀、收缩,类似于脉搏跳动(脉动)。因此,这类变星就被人们称为"脉动变星"。造父一膨胀速度最高时,亮度最大;收缩最快时,亮度最小。

造父变星,按变光周期的长短分为长周期与短周期两种。长周期造父变星,变光周期在 1～50 天范围内,变光幅度在 0.1～2 等。短周期造父变星,变光周期在 1.5 天以内,变光幅度在 0.5～1.5 等。如天琴座 RR 星,变光周期约为 0.5 天,变得很快。目前这类星人们已发现了 4000 多个。长周期造父变星有时也称为"经典造父变星"。现在已发现近 1000 个。

1912 年,美国女天文学家勒维特在研究小麦哲伦星云的造父变星(周期在 20～120 天的约 25 颗)中发现了造父变星的光度与周期之间

勒维特

有密切的关系,周期愈长,光度愈大。这种关系称之为"周光关系"。例如周期是 5.4 天的,绝对星等是 -2.2 等;周期为 10 天,绝对星等为 -3.0 等。这样,只要测出了造父变星的变光周期,就容易由相关的图去估计出它的光度(以绝对星等 M 表示)。而知道了 M,距离就可算出来了。实际决定一颗星的绝对星等是相当复杂的,不同学者所得

计算式并不完全一致。

在遥远的星团或河外星系中，如果有造父变星，也可利用"周光关系"去求出该星团或河外星系的距离。由于造父变星在测定天体距离上的重大作用，所以它获得了"量天尺"的称号。

"魔星"——大陵五

阿拉伯人可能早已觉察到，有一颗星的亮度会发生显著的变化，忽明忽暗，鬼鬼祟祟，所以称之为"魔星"。我国古人历来把这颗星叫作大陵五（英仙座 β 星）。古时，人们知道大陵五的亮度有变化，但没有人去仔细地研究这一现象的原因。

1783 年，英国的一位聋哑青年约翰·古德里克（1764—1786）经过长期的观测，发现了大陵五的变光很有规律，变化周期为 2 天 20 小时 49 分 09 秒（2.867 日）。他还对变光的原因做了研究，认为有一颗我们看不见的暗星和大陵五在一起互相绕转，当暗星走在亮星前面时，星光就暗弱了，情况类似于日食。后来人们就将此类变星称为"食变星"。可是，当时的天文学家们都不太相信这个解释。直到 1889 年，才有人用分光方法证实了古德里克的设想。观测表明，大陵五是由两颗星组成的，它们彼此相距 1100 万千米，其中看不见的那颗"伴星"，半径是太阳的 3.8 倍，亮的那颗"主星"略小些，半径是太阳的 3.6 倍。但是主星的质量为太阳的 5.2 倍，伴星的质量仅和太阳相当。古德里克还发现了另外两颗变星：天琴座 β 星（中名渐台二）和仙王座 δ 星（造父一）。前者也是食变星，后者为典型的脉动变星。自幼聋哑的古德里克一生短暂（仅活了 22 岁），却开辟了变星研究的先河，成为令世人敬仰的一代天文学家。

食变星的变光原因是双星的互相绕转（几何位置变化），因此归于几何变星，至现在已发现的此类食变星约有 4000 颗。

悬在天空中的指南针

在我国有一则关于炎黄二帝大战的古老神话：黄帝与炎帝的臣子蚩尤大战于涿鹿之野。蚩尤以魔法造起弥天大雾，困得黄帝的军队三天三夜不能突围。黄帝的臣子风后受北斗星的斗柄指向不同的启发，制造出一种指南车，引导黄帝的军队冲出了大雾的重围。

人类众多民族的历史中，都有这类借北斗星定方向的记载和传说。

在晴朗的夜晚，我们在北方天空很容易发现 7 颗构成斗勺图形的星星，这就是我们所说的北斗星。古希腊人和罗马人称之为熊（Aretos）；英国称之为"犁"（Plow）；美国人叫它"大勺"（Big Dipper）；1928 年国际天文学联合会将它定名为大熊，符号为 OMa。

北斗七星的中国名称分别是天枢、天璇、天玑、天权、玉衡、开阳和摇光，它们的符号分别是 α、β、γ、δ、ε、ζ、η。前 4 颗连接起来的几何形状像个斗勺，所以称它们为斗魁；后 3 颗像是斗勺的柄，所以这 3 颗又称斗柄。北斗七星中，

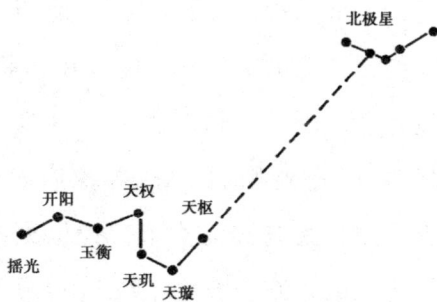

北斗七星

"玉衡"最亮，近乎一等星；"天权"最暗，是一颗三等星。其他 5 颗星都是二等星。在"天阳"附近有一颗很小的伴星，叫"辅"，它一向以美丽、清晰的外貌引起人们的注意。据说，古代阿拉伯人征兵时，会把它当作测试士兵视力的"测目星"。

北斗七星中的天璇和天枢两星有特别的效用：从"天璇"过"天枢"向外延伸一条直线，延长约 5 倍的地方就是北极星。北极星的方向

就是地球的正北方。所以，天枢、天璇又统称为极星。

人类的祖先根据北极星和北斗七星的斗柄"春指东、夏指南、秋指西、冬指北"的运转规律来确定方向，北斗星成了漂泊在茫茫大海上的船只、陷入草原荒漠的迷路人的太空指南针。

最大的星和最小的星

如果有人问："天上的星星哪颗最大？"或许你会不假思索地回答："太阳！"

不对！在我们地球人的肉眼看来，太阳的的确确是一颗最大最亮的恒星了，它是我们地球体积的130万倍。可是在宇宙空间庞大的恒星家庭里，太阳可就算不得大了。

在夏天的傍晚，正南方有一颗红色的恒星，叫"心宿二"，离地球约410光年。看上去虽说不大，但它的体积却比太阳大2.2亿倍，也就是说，把2.2亿个太阳堆积起来才有这颗心宿二那么大。

但是，心宿二还不算最大的恒星。目前已知最大的恒星在御夫座，叫"柱六"，它的体积比太阳的体积大200亿倍！

恒星世界中最小的星是哪颗呢？它小到什么程度？目前所知是蟹状星云中的一颗中子星，它的直径仅有20千米，相当于地球直径的1/637。

最大的恒星柱六与最小的中子星之间的差距有这么大，天空中的星星实在太有趣了。

星星王国的5个"小矮人"

你知道吗，星星王国中有五个"小矮人"，它们就是黄矮星、红矮星、白矮星、褐矮星、黑矮星。

所谓"矮"，是说这类星的个头，也就是体积小。这些矮星前面的"黄、红、白、褐、黑"五色则是表明它们不同的热度和亮度。

天文学家把恒星的一生分为早型星、中型星和晚型星三个阶段。黄矮星、红矮星属于中型星（也称主序星）这一阶段中的两类星，如太阳就是一颗黄矮星，当恒星演化为主序星时，它的亮度强弱由恒星质量决定。质量大于太阳20倍左右的主序星为亮度和温度很高的蓝巨星或蓝白巨星；质量与太阳相仿的主序星为亮度和表面温度与太阳一样的黄矮星；质量小于太阳的主序星则是亮度很小、表面温度很低的红矮星，如著名的巴纳德星。

而白矮星属于晚型星这一阶段中的一类。一般白矮星的体积同地球相似，是太阳的1/1000000或1/2000000；最小的白矮星只是太阳的1/10000000。白矮星虽小，但表面温度能高达10000℃以上，其亮度比太阳还强，而且它们的"体重"极大，以白矮星——天狼星的伴星为例，它身上黄豆粒般大小的东西足有1吨多重，它的体积虽与地球相仿，重量却是地球的30万倍。据估计，宇宙间的白矮星数目相当惊人，仅银河系就约有100亿颗。

褐矮星，并不是真正的恒星。它是白矮星演变到后期，能量逐渐释散、表面温度变冷、亮度变暗而形成的。褐矮星的表面温度只有1000℃左右。它的能量大部分以红外线形式辐射出去，看起来近于红褐色，所以有褐矮星之称。褐矮星不仅体积小，而且光线极暗，所以很难观测到。直到20世纪80年代，天文学家才真正发现了一颗。该天体编号为VB8B。它的直径只是太阳的1/120000，质量是太阳的1/100，表面温度1100℃。尽管它距离地球才21光年，却暗得无法用普通望远镜观测到。

褐矮星继续冷却下来，光线也越来越暗，最终演变成体积更小、密度更大、完全不发光的黑矮星。

也可以说，白矮星、褐矮星、黑矮星同属于恒星晚年阶段的三个演变时期，是恒星走向终结的"星路三部曲"。

亮星之王

全天中肉眼能看到的星星暗亮程度不一。古希腊著名的天文学家伊巴谷，早在公元前 150 年时，就根据星星的视觉亮度，依照亮暗的程度将肉眼可见的恒星分为 6 等。其中最亮的叫一等星。

全天一等或一等以上的最亮恒星共计 21 颗。按亮度从大到小依次排列为：

1. 天狼星（大犬座 α）；2. 老人星（南船座 α）；3. 南河二（半人马座 α 星）；4. 大角星（牧夫座 α）；5. 织女一（天琴座 α）；6. 参宿四（猎户座 α）；7. 五车二（御夫座 α）；8. 角宿七（猎户座 β）；9. 南河三（小犬座 α）；10. 水委一（波江座 α）；11. 马腹一（半人马座 β）；12. 河鼓二（天鹰座 α）；13. 毕宿五（金牛座 α）；14. 十字架二（南十字座 α）；15. 心宿二（天蝎座 α）；16. 角宿一（室女座 α）；17. 北河三（双子座 β）；18. 北落师门（南鱼座 α）；19. 十字架三（南十字座 β）；20. 天津四（天鹅座 α）；21. 轩辕十四（狮子座 α）。

天文学上，至今仍用传统的星等来表示恒星的亮度，并确定每差 1 个星等，亮度相差约 2.512 倍。同时规定比一等星还亮的称为零等星，更亮的则用负数表示。

荣登亮星冠军宝座的是大犬座鼻尖上的 α 星——天狼星。它的亮度远远超过一般 1 等亮星，星等为 -1.46。每当冬春两季的上半夜，它就出现在偏南方向的天空中，光辉耀眼。我们所看到的天狼星的光主要来自它的主星。这是颗普通的蓝白星，光度为太阳的 20 余倍，比天狼星伴星亮1万倍。

天狼星伴星的发现应当归功于牛顿力学在恒星世界的应用。人们根据牛顿的力学定律以及天狼星主星的运行轨迹，预言了这颗伴星的存在，1862年，人们果然在预言的位置上发现了它。天狼星伴星虽十分暗弱，但却是颗高温度、高质量、高密度的白矮星。它的表面温度与主星一样，高达1万摄氏度。其质量与太阳相当，密度为每立方厘米200千克。

天狼星在古埃及人心目中不仅是颗最亮的星，而且有着特殊的地位。这是因为天狼星的出没运行与古埃及人的生产活动密切相关。每当天狼星在黎明与太阳一起升起的时候，恰是尼罗河泛滥、春回大地的播种季节。粮食播种完后，天狼星就一天比一天升得早了，365天后，天狼星再次与太阳同升，新的一年重又开始了。因此，古埃及人特别崇拜天狼星，把它看作是一颗"报春"星。

每年春夜，当天狼星落入地平线之后，一颗闪烁着耀眼的橙黄色之光的巨星就成为天空中的第一亮星，它就是我国古人所说的东方苍龙的一角——大角星（另一只角是角宿一），即牧夫座α星。

大角星距离我们大约36光年，它的表面温度虽比太阳低得多（约4200℃），但发光本领却比太阳强100多倍。这是因为它的体积庞大、发光表面为太阳的700倍以上。别看大角星是个庞然大物，它的运行速度却是全天所有肉眼可以观察到的恒星中最快的。它以每秒483千米的速度在太空遨游，无数世纪以来独领风骚，甚至我们从地球上都能看出它在天空中的移动。

大角星作为定方向、主季节的星，历来受到人类的器重。因为它总是紧跟在大熊星座中的北斗七星之后。所以西方人称它为"熊的保护者"。亚洲两河流域的苏美尔人以及阿拉伯人把它称为"天的忠实守护者"。

银河系里的侏儒

1914年，天文学家在银河系南天船底星座η中发现了一个奇形怪状的小尘埃云。于是，便给它取了一个有趣的名字：小侏儒。这个小侏儒"斜躺"在天上，它的头在右上方，腿在左下方。之所以说它形状奇特，是因为它没有固定大小。据科学家观测，这个小侏儒在逐渐长大，它的质量已达到太阳质量的10倍。在星体周围有一个厚厚的圆环，从地球上看去，像一个卵。环中集聚的物质形成了小侏儒的头和肢体。

这个奇妙的小侏儒星云是从哪里来的呢？原来它是19世纪40年代船底座η星激变时，从星体抛射出来的尘埃和气体。

小侏儒星云的中心星船底座η（距地球9000光年），也是个变幻莫测的星体。17世纪初叶，它只是一颗较暗的4等星。200多年后，即19世纪20年代，它却突然变亮了20多倍，一直闪耀了40多年。在1834年3月的一次壮观的爆发中，其亮度高达1等星，一跃成为全天仅次于亮星冠军天狼星的第二颗最亮的星。可到了19世纪60年代，它的亮度又莫名其妙地骤降到肉眼看不见的8等星。自这次迅速"褪色"后，它又开始逐渐变亮，如今成了肉眼可见的6等星。

科学家观测发现，现在的船底座其实并不比它19世纪40年代的辉煌亮度暗多少。它之所以在19世纪60年代落入低谷，变得暗淡，全是这个小侏儒的把戏，是小侏儒星云抛射出的尘埃遮住了它的光辉的缘故。

西升东落的怪星

我们只见过日月星辰东升西落，有谁见过西升东落的怪星呢？火星的两颗卫星之一——火卫一"福博斯"就是这样一颗怪星。福博斯在离火星9400千米处绕火星运转，运动方向与火星的公转和自转的方向一致：自西向东。绕火星一周是7小时39分钟，比火星自转周期24.6小时快3倍多。如果在火星上观看福博斯，就会看到它西升东落的奇观，这是太阳系所有的卫星中唯一西升东落的怪星。

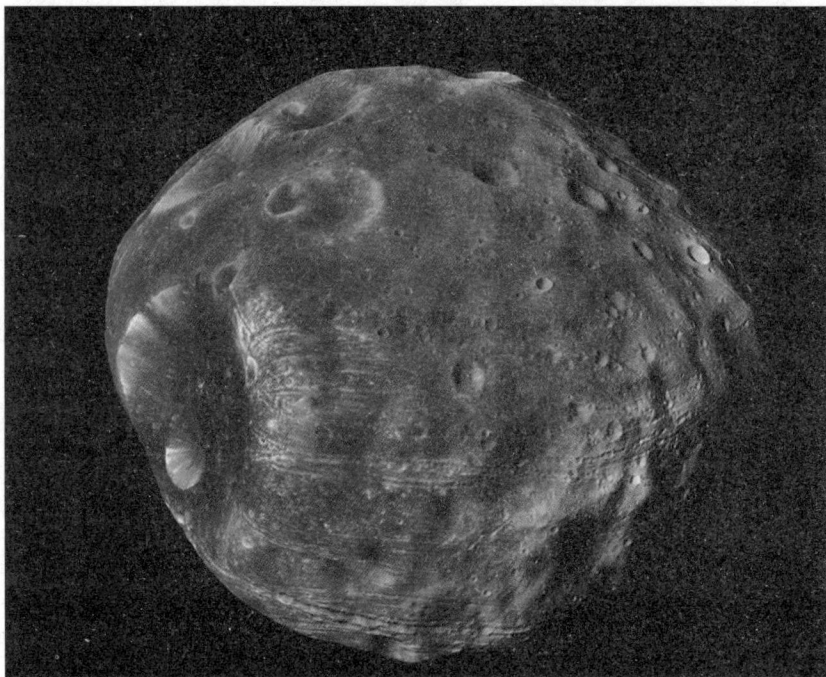

火卫一

说起这颗卫星的发现，还有一段有趣的故事。自从伽利略第一个用望远镜发现了木星的4颗卫星后，许多天文学家开始思索其他行星的卫星。最早设想火星有卫星的是著名天文学家开普勒。他运用当时十分流行的数字学,对火星进行数字推理:地球有一颗卫星（月球）,木星有 4 颗卫星,那么它们之间的火星就该有 2 颗卫星。1726 年英国著名作家斯威福特又根据这种数字游戏的推断,在他的小说《格利佛游记》中描绘了"飞岛国"居民发现了火星的 2 颗卫星:它们与火星的距离是火星半径的 3～5 倍,绕火星运转的周期是 10 小时与 21.5 小时。18 世纪末到 19 世纪中叶著名天文学家威廉·赫歇耳和其他天文学家孜孜不倦地观测火星,可遗憾的是,连火星卫星的影子都没找到。

1887 年 8 月初,美国天文学家霍耳抓住 10 年难遇的火星最接近地球的时机,对火星进行了一系列的观测,一连几日毫无所获。当霍耳决定放弃观测时,他的夫人斯蒂尼鼓励他:"再试一个晚上吧!"就是这次"再试一晚",奇迹出现了:霍耳发现火星附近有一个亮度微弱的运动天体。8 月 16 日,他终于确定自己看见的是一颗火卫。17 日,他又发现了第二颗。这两颗卫星分别被命名为福博斯（火卫一）和德莫斯（火卫二）。

1947 年,天文学家夏普利发现福博斯有长期加速运动的现象。20世纪 50 年代末,苏联天文学家谢克洛夫斯基发表了一个轰动一时的假说,火星上曾有过一个文明社会,福博斯是火星智能生物发射的卫星。但是,科学家对此始终抱怀疑态度。20 世纪 70 年代,美国和苏联的宇宙飞船拍摄了福博斯和德莫斯的照片,它们的模样就像两个癞癞疤疤的"破土豆",表面布满了陨石冲击坑。因为它们没有火星那种红色,所以有科学家认为这两颗卫星是火星俘获的小行星。

1988 年 7 月 7 日和 12 日,两个相同的火卫探测器"福博斯 1 号"和"福博斯 2 号",带着传送有关太阳系起源、行星及其卫星的物理性质和化学性质等信息的使命,飞向火星。

五光十色的恒星

如果仔细观察闪闪的星群，你一定会发现，星星的颜色不只是"银白"色一种，还有红、黄、蓝等多种颜色。

恒星颜色的不同，是由它们表面温度不同而引起的。正如看似白色的光，都是由赤、橙、黄、绿、青、蓝、紫七色构成的。星星的表面温度越高，它的光线中蓝白成分就越多，这颗星看起来就越蓝。比如参宿一、参宿三就是蓝色的。表面温度在 25000～12000K 的参宿五、参宿七则呈蓝白色。牛郎、织女二星发白色光，它们的表面温度将近 115000～7700K。弱于白光的是黄白光，大犬星座中的 α 星南河三就是黄白色。我们身边的太阳，黄色光最强，因此有了"金太阳"、"金黄色的太阳"等赞词。比黄色弱一些的是橙色，其代表是牧夫星座中的大角星。表面温度偏低（3600～2600K）的恒星呈红色，如红超巨星心宿二。

不同颜色的恒星，不仅表面温度不同，而且它们的光谱也不同。科学家发现，每种元素都有一种特定的光谱。分析恒星光谱上的谱线，并与实验室中得到的各种元素的谱线相比较，就可以知道恒星大致是由什么元素构成的。恒星光谱中绝大多数谱线已证实是地球上化学元素的谱线，绝大多数恒星的元素含量也基本与太阳相同。而颜色相同的恒星，光谱大致相同；颜色不同的恒星，其光谱也不相同。美国哈佛大学的天文学家根据恒星的温度高低，将恒星的光谱分为"O、B、A、F、G、K 和 M"七个类型，依次为"蓝、蓝白、白、黄白、黄、橙、红"七色，这就是哈佛分类法。

恒星亮度的测定

恒星亮度的变化，不是直接可以用肉眼看出来的，而是通过与那些稳定的恒星（相对来说）的比较中得到的。那些稳定的恒星就被称为"比较星"。

变星的目视观测，就是比较"待测变星"与"比较星"的亮度差别。应用的方法有 3 种：等级法、内插法与联合法，目前常用的是阿格兰德尔的等级法。

如果要区分茫茫星海中这些亮暗不等的恒星，目前有两种方法：一是划分星等，二是确定光度。

公元前 2 世纪希腊天文学家喜帕恰斯在编制星表时，按亮度把恒星分为 6 个等级。亮度越大，星等越小。肉眼刚能看到的为 6 等星。1 等星比 6 等星大约亮 100 倍。天文学家把这种在地球上观测得到的恒星亮度与星等称为视亮度或视星等。

恒星的视星等是人们用肉眼及望远镜观察的亮度，它并不代表恒星的真正发光强弱。因为受到恒星与观测者之间距离的影响，距离越远，视亮度反而越小。因此，要比较恒星的真实亮度，应将它们提到与我们同一个距离上。天文学家设想，把恒星移置距离地球 10 秒差距（即 32.6 光年）处，这时恒星的视星等称为"绝对星等"。如果把太阳放在离地球 10 秒差距的地方，那么我们所看到的太阳只比一颗 5 等暗星稍亮一点罢了。

恒星的真正亮度还可以用"光度"来表示。和太阳一样，恒星内部也进行着热核聚变反应，产生的热量不断向外层转移，最后从恒星表面射向太空。天文学家把每秒钟从恒星表面释放的光能量称为恒星的光度。

恒星的光度差异很大，光度最大的恒星比太阳光度强100万倍；而光度最小的恒星却仅是太阳光度的1/1000000。有趣的是，太阳正好处于恒星整个光度范围的中间位置。因此，天文学家常以太阳光度为单位表示恒星的光度。他们一般把光度比太阳大100倍左右的恒星称为巨星，巨星的直径通常比太阳的直径大二三十倍。而光度小的恒星被称为矮星，其体积也比较小。巨星和矮星就好比恒星世界的巨人和矮子，太阳就是一颗黄色矮星。光度比巨星还大的被称为超巨星，天津四就是一颗超巨星，光度比太阳强约6万倍。而我们肉眼能看到的全天最亮的天狼星的伴星是一颗白矮星，它的光度不足太阳的1/10000。

巧算恒星的质量

恒星质量的测定是天文学中的一个大难题。恒星太大了，人类根本不可能制造出那么大的天秤和砝码来衡量它。所以，人们对于单个的恒星毫无办法直接测定它的质量。

那么，人类就永远无法知道恒星的质量吗？千百年来，天文学家们孜孜不倦地探索研究，终于找到了衡量恒星质量的途径。那就是先直接测定双星的质量。双星中主伴二星均绕其质量中心作椭圆运动，通过测量它们的运动周期和轨道半径，应用意大利天文学家开普勒命名的开普勒第三定律，就可以算出双星主伴二星的质量了。天文学家在测量了许多恒星质量后又发现了一条规律：恒星质量越大，光度也越强（这称作质光关系）。根据这种关系，天文学家就可以近似定出单个恒星（变星除外）的质量了。迄今为止，人们以这种巧妙的办法，已测定出大多数恒星的质量约在1～10个太阳质量之间。

天文学家们在测定恒星质量时，还发现了一个有趣而又惊人的现象：质量接近而大小悬殊的恒星，其密度比差大得令人难以置信。就拿与太阳质量相近的恒星来说吧，太阳的平均密度是水的 1.41 倍，而质量与太阳相近、体积小于太阳的白矮星（如天狼星的伴星），其密度比水大几万倍以上。而直径才 20 千米的微型恒星——蟹状星云中的中子星，其密度高达 $10^{14} \sim 10^{51}$ 克/厘米^3，也就是说这颗中子星上一块烟头大小的物质要用 1 万艘万吨巨轮才拖得动。相反，那些质量与太阳相近，而体积远远大于太阳的超巨星，平均密度才是水的 1/1000000。如天蝎座 α 星（心宿二），其体积是太阳的 2.2 亿倍，它的密度每立方厘米才 1/6200000 克。有的超巨星的密度竟是水的 1/10000000，甚至 1/100000000。而地球上的空气密度为水的 1/1000。这些超巨星的密度比地球上的空气密度还要小得多。

恒星不恒

1718 年英国天文学家哈雷向世人宣布"恒星不恒"。这一惊人的发现打破了几千年人类认为"恒星不动"的传统观念。这一个理论是哈雷在编制南天星表时发现的。

后来，天文学家在研究恒星谱线的位移时，证实了恒星果真在运动。谱线波长的变化是因为恒星与我们之间具有相对运动造成的。恒星接近我们时，光的波长减小，谱线向紫端移动（简称紫移）；远离时，波长变长，谱线向红端移动（简称红移）。由测量谱线的位移，就可以推算出恒星的视向（即观测者视线方向）速度。天文学家把恒星本身固有的运动称为本动。太阳以每秒19.7千米的本动速度向武仙座方向运动。与此同时，太阳又以约 250 千米/秒的速度绕银河系中心旋转，银河系中所有的恒星都和太阳一样，除了本身的自转外，都在绕着银心旋转。

恒星运动的方向也各不相同。如天狼星以 8 千米/秒的速度直奔地球，织女星的速度更快：14 千米/秒；牛郎星比人造卫星、宇宙火箭还快好几倍：26 千米/秒。相反，猎户座的参宿七，却以 21 千米/秒的速度飞离地球；御夫座的五车二逃得更快：30 千米/秒；金牛星座的毕宿五比五车二速度还快：54 千米/秒。这些恒星离地球越来越远。然而，它们的运动速度还不算最快，天鹅星座中有颗星，其运动速度竟然高达 583 千米/秒。

恒星有如此快得惊人的速度，为什么我们从地球上看它们似乎是不动的呢？

这是因为宇宙太大了。另外，恒星离我们太遥远，看上去总是一个点，使我们感觉不到它在运动。就跟我们都知道飞机速度比汽车快，可是我们总觉得从身边飞驰而过的汽车比高空中缓缓飞行的飞机要快得多是一个道理。再加上恒星运动的方向四面八方，我们地球又随着太阳在银河中不停地运动着。正是这种种原因，使得我们的祖先，乃至于我们都错把"动"星当"恒"星了。

恒星自转的测定

天鹰座的第一亮星天鹰 α，中文名牵牛星、河鼓二，俗名牛郎星，是一颗快速自转的恒星，约 7 小时就可以自转一周。我们的太阳也在自转，但它比牛郎星自转速度慢得多，牛郎星自转 93 圈太阳才自转一周。宇宙间的恒星如同牛郎星和太阳一样，都在进行着自转。

可是，离我们十分遥远的恒星，看起来像一个光点，科学家是怎样测定出它们的自转运动的呢？

这可以通过恒星的光谱来测定。如果恒星不转动，恒星的光源是一条窄而深的谱线。如果恒星自转，那么，恒星的光源就会趋近或远离观测者。在观测者看来，光源的波长就会变短，即光谱线向紫端位移；或变长，即光谱线向红端位移。谱线位移的大小，与光源趋近或远离的速度成正比。恒星表面部分朝观测者转时，恒星的光谱线便紫移；表面另一部分背向观测者转动，谱线则红移。结果，恒星的光谱线就会变宽。根据谱线变宽的程度，人们就可以测定出恒星的自转速度。比如，测定出 O 型、B 型主序星的自转速度平均为 200 千米/秒，牛郎星是一颗 A 型主序星，自转速度平均为 100 千米/秒。

恒星的一生

恒星和宇宙万物，总是处在不断的运动和变化中的。天文学家们通常将恒星的形成到终结的变化叫作"恒星的演化"。研究恒星演化，对更深入地认识我们的太阳及太阳系有重大意义，也是我们了解宇宙构造的基础。

研究恒星的演化是很困难的，因为恒星的演变极其缓慢，在我们人的一生中都难以看见恒星的变化。好在恒星很多，它们又处在不同的演化阶段，这才可以了解恒星的一生。比如我们走进一个大公园中，在一大群人中有老年人、中年人与青少年，这样，我们就可以了解到人的一生是什么样的，而不必等待上百年才认识整个人生。正是由于恒星的样本很多，人类才能识别出恒星的一生来。

仿照人的一生，我们将恒星的一生划分为几个阶段：

早期阶段——由弥漫物质在引力作用下形成恒星（胚胎、婴幼儿期）。

中期阶段——恒星靠内部的热核反应而发光、发热，一种核反应接着另一种核反应，直到核燃料消耗完（中年、壮年期）。

晚期阶段——核反应结束后，恒星发生激烈的坍缩（急速地收缩），有的爆炸了，形成了星际弥漫物质与某种特殊天体（老年临终期）。

1. 恒星的婴幼儿期的状态

在很早以前，宇宙间有些相当大的区域中，存在着极稀薄的弥漫物质，密度约为 10～21 千克/立方米，即相当于每立方厘米1～10个氢原子，这种物质已被多种观测所证实。当时温度很低，约为 10～100K。这种星际物质往往分裂成大团块。团块在自身内部的引力作用下向中心凝聚，逐渐使密度提高到 10^{20} 千克/立方米～10^{190} 千克/立方米，成为"弥漫星云"。多数星云里包含的物质，按质量比例来说，估计约有 3/4 是氦，1/4 是氢，其余的较重元素含量很少，总计不超过 4％，它们成为尘埃，分布在星云里。

弥漫星云的内部仍然存在着不均匀性，同样会有分裂，并凝聚形成体积小而密度更大的各个星云。此时的星云，小的直径有几光年，大的到上百光年。星云的密度约为 10～17 千克/立方米。一个大的星云的总质量往往大于太阳质量几千倍，由它可以凝聚出成百上千颗恒星。

观测表明，宇宙空间中这类星云是足够多的。

由弥漫星云收缩成为恒星，要经过两个阶段，首先是快收缩阶段，而后是慢收缩阶段。

快收缩阶段：当星云物质开始收缩时，温度低、密度小、热运动形成的向外的压力也小，向内的收缩力起主要作用，所以物质向内快速凝聚。经过一段时间后，由于物质密度大，辐射不易通过，使恒星的中心部分变得不透明起来。于是引力收缩产生的热量不容易传到外部，逐渐使中心部分物质的温度升高。当中心部分温度达到 2000K 时，氢分子开始分解为原子，吸收大量热量，使压力急剧减小。这样就使中心物质在引力作用下形成一个小的核心。

慢收缩阶段：星云继续收缩的结果是使内部的温度越来越高。温度高，向外的压力就增大。当内部温度达到两三千 K 时，中心向外的压力增大，接近于和引力相抗衡。这时收缩就变慢了，开始了慢收缩阶段。星云演化的初期阶段，在赫—罗图中用线条表示出来，就是从右上角向下的急剧下降曲线，到拐弯处，就开始进入慢收缩阶段。

在慢收缩阶段时的天体也可称为"原恒星"。原恒星收缩到一定阶段时，会发出红外光。此时星体表面温度升高，光度增大，在赫—罗图上就由下向上或由右向左演化到主序星。

不同质量的星云与原恒星的演化路线是不一样的。一般来说，质量越大，原恒星慢收缩时间就越短。例如 15 个太阳质量的原恒星，收缩时间估计为 6 万年，而 0.2 个太阳质量的原恒星，收缩时间长达 17 亿年。像太阳一样的恒星，这一阶段大约需要几千万年。而质量小于 5％太阳质量的星云，是不能演化成为恒星的。因为质量太小，星云引力收缩所产生的热量很快就散失掉了，随后就逐渐冷却，成为不发光的黑暗小天体。

2. 恒星的青壮年时期

在原恒星慢收缩过程中，其中心温度、压力和密度会不断上升，当中心温度达到 80 万 K 时，开始发生原子核反应。当温度达到 800 万～1000 万 K 时，氢聚变为氦的原子核反应之火开始点燃，恒星演化到青壮年时期。这是恒星一生中最辉煌的时期，可说是"年轻力壮"，威力无比。恒星内部不断进行的热核反应，为恒星提供了大量的能量。恒星在发出巨大的光和热的同时，还辐射高能的粒子流与射线。此时的恒星处在赫—罗图的主序星位置上。

质量大的恒星，内部参加核反应的物质多，产能大，所以它的温度高，亮度大。比太阳质量大 3 倍左右的恒星便成为高光度的蓝星。质量比太阳小些的恒星，内部参加核反应的物质少，产能小，所以温度低，光度小，为红星。

恒星内部的氢很丰富，核反应可以在很长时间内提供能量，所以，恒星在这一阶段的时间很长。像太阳这样的恒星，在主序星阶段要停留约 100 亿年。

一颗恒星在主序星停留时间的长短，与它的质量有关。质量大的恒星，停留时间很短，或者说大质量的星，寿命较短。这是因为大质量恒星的燃料消耗得特别快。大质量恒星的中心还受到特别强的重压，中心区温度比质量小的星高得多，所以热核反应的速度特别快。比太阳质量大 10 倍的星，在主星序阶段停留只有几千万年。而质量只有太阳几分之一的恒星，消耗的能量不大，能够停留上万亿年。

奇异星

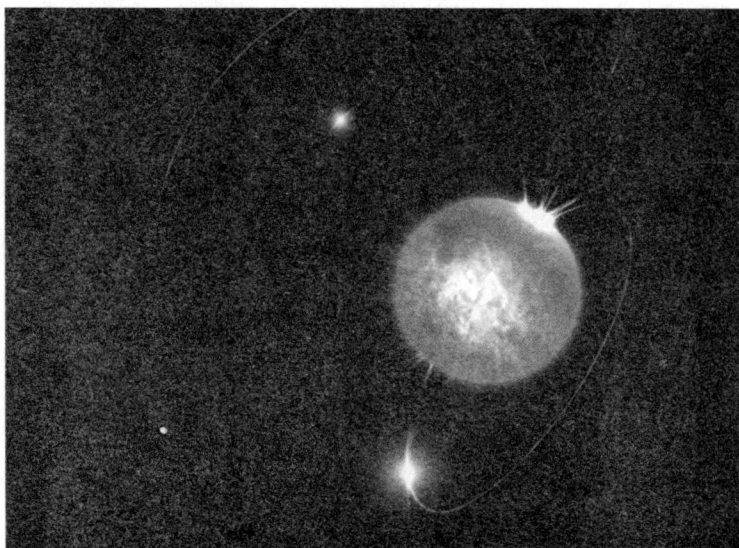

奇异星

恒星就像普通人一样，有生老病死。当大质量的恒星走到其生命终点的时候，会以剧烈爆炸——超新星——的形式结束它"光辉"

的一生。爆发之后它会留下遗骸——一颗中子星或者一个黑洞。但如果这个遗骸比上质量太小无法成为黑洞，比下质量太大无法形成中子星，又会怎么样？

事实上，天文学家们不认为在中子星和黑洞之间会存在一个"灰色地带"，大质量恒星死亡的产物必定是中子星和黑洞这两者之一。

然而现在兴许有一种奇特的恒星能填补这一空白。虽然它们还没有被观测到，但天文学家们相信"奇异星"（又称"夸克星"）应该是存在的，而科学家们也仅仅是刚刚才认识到这类天体究竟有多"奇异"。

首先，中子星、夸克星和黑洞都是通过相同的机制诞生的——超新星爆发。但是，这三者的质量呈递增关系，因此通过超新星产生它们的恒星的质量也必定是递增关系。

那么，如果一个恒星发生爆炸，它的产物怎样才能算是一颗中子星呢？构成中子星的中子物质具有一种特殊的性质——中子简并，它们可以产生向外作用的中子简并压。当中子星自身向内的引力和向外的中子简并压达到平衡的时候，中子星就出现在你眼前了。

如果从超新星中诞生的这颗中子星质量太大，中子简并压无法抵挡向内的引力，结果会如何呢？

在这种情况下，夸克就会挺身而出取代中子，防止天体进一步坍缩。这里所说的"夸克"是比中子更小的物质单位，1个中子由3个夸克组成：2个下夸克和1个上夸克。

当夸克简并压和引力间达到平衡之后，一颗夸克星就此诞生。这时自由的上夸克和下夸克就会转变成奇异夸克。因此，夸克星其实是由奇异夸克物质所组成的，也正是因为如此它们还被称为奇异星。

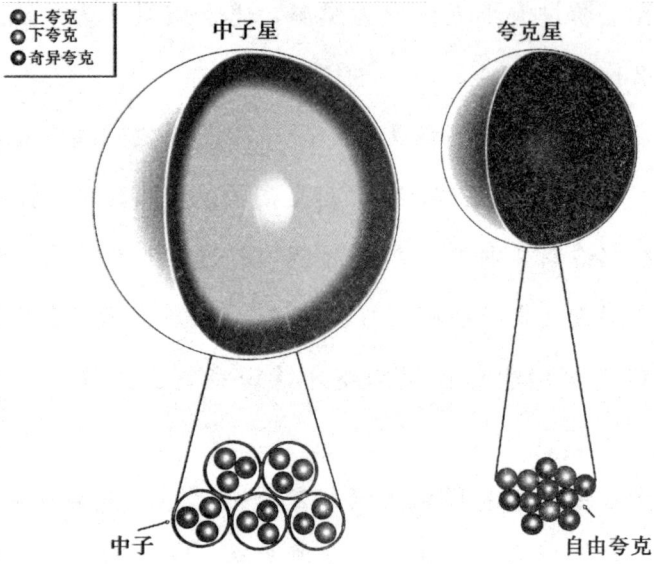

中子星（左）和夸克星（右）的比较

迄今传统观点一直认为夸克星的尺寸应该比中子星小。这看上去似乎是合理的，因为夸克星是在中子星的基础上进一步坍缩而成的，这使得其中的物质会变得更加致密，于是占用的体积就会减少。但根据一个由德国、瑞士和美国科学家组成的国际合作小组的最新计算，夸克星实际上可能会比中子星大。但这怎么可能呢？

这些复杂的计算牵涉到中子星和夸克星的"状态方程"，它描述了组成这两类天体的物质本身的性质。他们的计算结果显示，一颗质量为太阳 2.5 倍的夸克星会比质量为太阳 2 倍的中子星要大。

这一发现对于寻找潜在的夸克星而言是非常有趣的。如果天文学家发现了一颗具有 2.5 个太阳质量的大型中子星的话，也许他们真正看到的其实是一颗夸克星。

一旦发现了夸克星，它不仅对于天文学家而言具有重要的意义，对于在欧洲核子中心工作的物理学家而言也是如此，他们可以借此获得自然产生的"奇异夸克物质"的大量信息。虽然大型强子对撞机可以制造出高温"夸克胶子等离子体"，但实验室里至今还无法制造出奇异夸克物质，所以夸克星的发现将会惠及天体物理学家和粒子物理学家。

　　然而，故事还没有结束。奇异星还能更"奇异"。在另一项研究中，科学家为夸克星进行了仔细地"体检"，并且试图把它推向极限。一个有趣的问题是，给最大质量的夸克星再添加一点物质的话会发生什么？在它坍缩成黑洞前是否还存在一个超越于夸克星之外的状态？

　　根据已知的粒子物理标准模型，一颗大质量的夸克星会具有足够的引力能来"燃烧"奇异物质。在强引力的作用下，夸克星核心里的夸克也许会被快速地"燃烧"，进而转变成纯粹的能量和中微子。

　　但真正令人着迷的地方是，由于夸克星极为致密，甚至连在通常情况下能穿透一切的中微子也无法逃离。于是，燃烧夸克所产生的这些能量和中微子就会形成向外的压力来抵抗引力。科学家们将这样一颗夸克星称为"弱电星"。计算发现弱电星可以处于这一稳定状态大约1千万年，而此时它可以同时具备苹果的"身材"和两个地球的质量。

　　现在压轴戏要上演了。弱电星的核心由此会具有极端高的密度，只有大爆炸之后十亿分之一秒的宇宙才能与之匹敌。这些极端的天体将会像是一个迷你的宇宙大爆炸实验室，在其中的高压之下电磁力和弱相互作用力（四种基本作用力中的两种，另外两种为引力和强相互作用力）会非常接近，几乎无法区分。这为进一步深入认识自然界的基本作用力提供了绝佳的机会，甚至还有可能会引发新的物理学革命。

虽然奇异星奇异得让人不敢相信它们会真实地存在于宇宙之中，但天文学家们正在倾其所能来寻找它们。随着下一代望远镜和其他探测设备的投入使用，这些奇异的天体说不定会给我们一个谁都不曾料想到的惊喜。

"天外来客"——陨石

相传在 18 世纪，有几个农民带着陨石到法兰西科学院，却被彬彬有礼地拒之门外，因为谁也不信这些"来自天上的石头"的故事，反而斥之为"迷信"。

直到 19 世纪 30 年代，一场狮子座流星雨才把西方人惊醒，使他们开始正视这些"天外来客"——陨石的客观存在。

我国是记载陨石最早的国家，史料中关于陨石的记载至少有 351 次之多，其中最早的一次陨石记载距今 3791 年，这些珍贵的资料为人类研究"天外飞来石"做出了重大贡献。

陨石主要有三类：石陨石、铁陨石、石铁陨石。此外还有罕见的玻璃陨石和冰陨石。

经天文学家测定，陨石年龄基本与地球的年龄一致，大约为 46 亿年。但是，在这漫长的岁月里，由于地球内部物质运动等原因，地球形成初期的物质或已不存在，或深埋在地核中。地球的原始面貌发生了惊人的变化。而陨石却不同，它体积小，没有地球的巨大变迁，仍保持着当初形成时的真面目。所以，陨石为研究地球的演变过程和宇宙变迁提供了宝贵依据。

地球和太阳系中其他天体又都是同时从原始星云凝聚、演变而来的，陨石也就自然成了太阳星云的考古标本，它能为研究太阳系的形成和演化提供难得的信息。

科学家们还从陨石中发现了氨基酸和其他有机物，而氨基酸正是组成生命的基本单位——蛋白质的主要成分。因此，陨石又给我们探索生命的起源和发展提供了不少线索和启发。

陨石的前身——流星体长期在太阳系空间遨游，宇宙间的核反应、宇宙射线等都在它身上留下了不可磨灭的烙印。这将有助于我们揭示周围空间许许多多的不解之谜，如化学元素的起源，月球上环形山的形成等，还能为人类航天飞行领域提供有价值的材料和重要线索。

总之，陨石是人类能拿来考察的唯一地外物质，研究它由什么物质构成，结构是什么？怎样形成的？又是如何演化的？这对天体史、地球史、生物史以及天体物理学、天体化学、高能物理学和宇宙空间科学等方面的研究都有极其重要的价值。

"天外来客"——陨石的确是珍贵的天体标本。

第二章　倾听宇宙的心跳

宇宙是什么

$\quad$中国最早的关于宇宙的定义是战国时期的尸佼提出来的。其定义是"四方上下曰宇，古往来今曰宙。"前者指明了空间的三维性，后者则说明了宇宙的时间范围。与此同时，著名的思想家和科学家墨子也有类似的阐述，并对时空的相互联系做了说明。但是，最先将宇宙合称的是东汉的天文学家张衡。在构造浑天说的天文模型时，他指出天地的关系、天地的形状和天地的边界。同时，他也想到天地之外的世界。他指出："过此而往者，未知或知也。未知或知者，宇宙之谓也。宇之表无极，宙之端无穷。"这是一种宇宙无限的观念。

所以"宇宙"这个词有"所有的时间和空间"的意思。

地球是我们的家园，而地球仅是太阳系的第三颗行星；而太阳系又仅仅定居于银河系巨大旋臂的一侧；而银河系，在宇宙所有星系中，也许小到很不起眼……

这一切，组成了我们的宇宙。宇宙，是所有天体、星云共同的家园。

因为，我们的宇宙不是从来就有的，它也有诞生和成长的过程。

远古时代，人们对宇宙结构的认识处于十分幼稚的状态，他们通常按照自己的生活环境对宇宙的构造做出自己的推测。在中国西周时期，生活在华夏大地上的人们提出的早期盖天说认为，天穹像一口锅，倒扣在平坦的大地上；后来又发展为后期盖天说，认为大地的形状也是拱形的。世界各民族先民们对宇宙的认识也各有不同。公元前 7 世纪，古巴比伦人认为，天和地都是拱形的，大地被海洋所环绕，而其中央则是高山；古埃及人把宇宙想象成以天为盒盖、地为盒底的大盒子，大地的中央则是尼罗河；古印度人想象圆盘形的大地附在几只大象上，而象则站在巨大的龟背上。公元前 7 世纪末，古希腊的泰勒斯认为，大地是浮在水面上的巨大圆盘，上面笼罩着拱形的天穹。

其他的宇宙学说还有：

（1）宣夜说，认为宇宙是无限的。宇宙中充满了气体，所有的天体都在气体中飘浮运动。日月星辰都有由它们的特性所决定的运动规律。

（2）浑天说，是继盖天说 2000 年后，由我国东汉时期著名天文学家张衡提出的。他认为"天之包地犹壳之裹黄"。天和地的关系就像鸡蛋中的蛋白包着蛋黄，地被天包在其中。

（3）中心火学说，由古希腊学者菲洛劳斯提出。他受了前辈哲学家赫拉克利特关于火是世界本原思想的影响，认为火是最高贵的元素，由此提出宇宙结构的"中心火学说"，即宇宙的中心是一团熊熊燃烧的烈火，地球（每天一周）、月球（每月一周）、太阳（每年一周）和行星都围绕着天火运行。

（4）地心说，最早由古希腊哲学家亚里士多德提出。他认为地球为宇宙的中心，是静止不动的。从地球往外，依次有月球、水星、金星、太阳、火星和土星，它们在各自的轨道上绕地球运行。

（5）星云说，18世纪下半叶由德国哲学家康德和法国天文学家拉普拉斯提出。他们认为太阳系是一块星云收缩形成，先形成的是太阳，剩余的星云物质又进一步收缩深化，形成行星和其他小天体。

麦哲伦

最早认识到大地为球形的是古希腊人。公元前6世纪，毕达哥拉斯从美学观念出发，认为一切立体图形中最美的是球形，主张天体和我们所居住的大地都是球形的。这一观念为后来许多古希腊学者所继承。可是直到1519—1522年，葡萄牙的麦哲伦率领探险队完成了第一次环球航行后，地球是球形的观念才最终得到证实。

我们现在观察到的宇宙，其边界大约有100多亿光年。宇宙学说认为，我们所观察到的宇宙，在其孕育的初期，集中于一个很小、温度极高、密度极大的原始火球中。在150亿年到200亿年前，原始火球发生大爆炸，从此开始了我们所在的宇宙的诞生史（这就是著名的"大爆炸"理论）。

宇宙一经形成，就在不停地运动着。科学家发现，宇宙正在膨胀着，星体之间的距离越来越大。

宇宙的明天会是怎样？许多科学家正为此辛勤工作着。对我们人类来说，这也许永远是一个谜，一个令人无限困惑又孜孜不倦探索的谜。

宇宙的组成

每当我们仰望夜空，看到数不清的星星，有时不禁会想，这就是宇宙吗？宇宙就是由这些星星组成的吗？今天，科学家通过天文望远镜和宇宙飞船等设备，把许多肉眼看不到的天体展现在大家眼前，有各种各样美丽的天体，如星系、星云、星团、恒星、行星、彗星、流星等等。人们可能会认为，就是这些天体组成了宇宙，其实我们所能看到的天体（看得见的正常物质），只占宇宙总质量的不到5%，那么究竟是什么组成了这个宇宙呢？

科学家们认为，现在的宇宙，主要由三大部分组成：看得见的物质、宇宙中的暗物质、暗能量——让宇宙加速膨胀的力量。

我们看得见的宇宙：

1. 看得见的物质。比如庞大的星系、美丽的星云、壮观的星团、满天的星星、太阳、月球、彗星、流星等等，当然了，还有我们在地球上所看到的一切，都是物质。这类物质约占宇宙总质量的4.4%。

2. 看不见的暗物质。其实宇宙中还充斥着非常多的暗物质，这种看不见的暗物质是什么？是正常物质吗？不是。因为宇宙中的一切物质都是大爆炸后几分钟内，大爆炸的"汤"凝结成质子和中子，它们紧密地挤在一起，其中一些质子和中子聚合成重核，例如氦。如果原子核中质子和中子挤得更紧，它们将聚合成更多的重核。例如恒星和星际气体中的氦、硼和氖。然而聚合成为重原子核后，就变成了正常物质。暗物质约占宇宙总质量的23%。

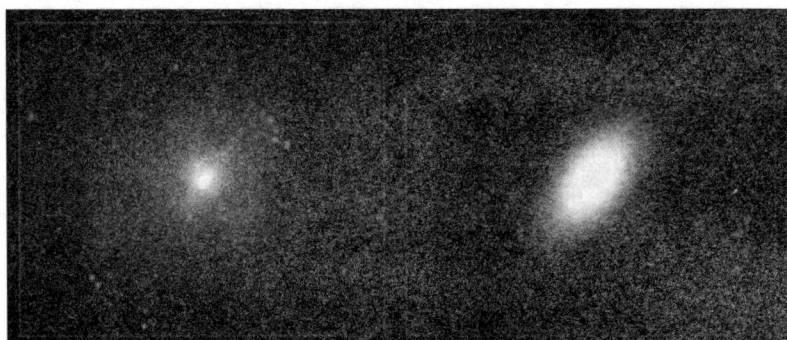

NGC 720 星系 X 射线照片（左）和可见光谱照片（右）

"钱德拉"X射线观测望远镜拍摄到存在宇宙暗物质的新证据，在"钱德拉"拍摄的编号为 NGC 720 遥远星系 X 射线照片上，可以清楚地看到其周围的炽热气体云团（见上图 NGC 720 星系 X 射线照片）。但是该气团的取向并不与星系自身的取向一致，这从利用可见光谱拍摄的照片中可以看到。NGC 720 星系位于距离地球约 8000 万光年的地方。

NGC 720 星系在星空中的位置

天文学家认为，对气体云团奇特外形的解释只有一个：它被暗物质所围绕，否则气体云团应该膨胀。这表明，暗物质并非是为了消除引力理论某些缺陷的假想概念，而是真实存在的物质状态。根据物理学引力理论，没有暗物质，星系应坍塌成几部分，而恒星就会沿完全不同的轨道运转。

3. 暗能量。"威尔金森微波各向异性探测器"的观测表明，宇宙中除有正常物质和暗物质外，还有暗能量。正常物质占 4.4％，暗物质约占 23％，暗能量约占 73％。暗能量是一种特殊的宇宙物质，它能产生负引力，使宇宙加速膨胀。这种特殊物质是怎样产生的？目前还没有肯定的答案。

这是一张用超级电脑计算出来的部分宇宙的剖面图，其中无数的亮点都是星系，细丝物质将这些星系岛连接起来，星系岛的空隙充斥的是暗能量的海洋。

4. 反物质。反物质的原子由带负电的原子核与带正电的电子组成。宇宙大爆炸学说认为宇宙产生之初会同时产生反物质，按照该学说，宇宙是从大约 150 亿～200 亿年前温度和密度极高的物质状态中"爆炸"产生，并且不断膨胀，发生着温度从热到冷、物质密度由密到疏的演化过程。在这一过程中，同时形成了诸如电子、质子、中子等粒子，以及它们的反粒子（反电子、反质子、反中子等）。粒子与反粒子接触会产生能量巨大的"湮灭"，由于粒子数稍多于反粒子，因此，由剩余的粒子组成了目前的物质世界。

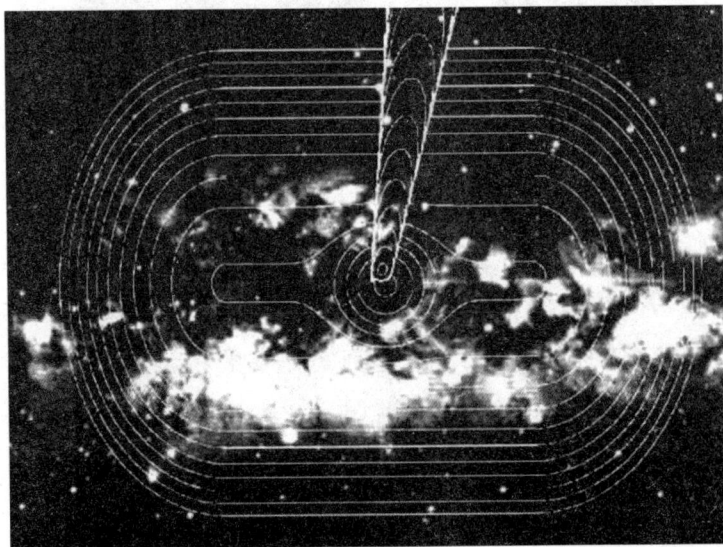

银河系中的反物质作用示意图

1928年，英国年轻的物理学家、诺贝尔奖获得者狄拉克就运用严格的理论，描述了电子性能的方程式，并且，计算所得结果都有4个解：2个正能解，2个负能解。正能解能与实验观察很好的符合，于是，狄拉克独创性地指出，负能态是存在的，真空就是一个充满负能态的电子海洋，负能态完全被电子占据。爱因斯坦也曾建立过一个物质总能公式，根据这个公式，物质的总能量也有正负两个值，这个结论与狄拉克所得结论是一致

狄拉克

的。1997年，科学家在银河系中心发现了反物质。

宇宙究竟有多大

我国历史上最有卓见的宇宙无限论思想是"宣夜论"。它最早出现于战国时期，到汉代则已明确提出。这是一种完全不同的宇宙学说。在宇宙无限性的论证方面，三大宇宙结构学说的另两家——盖天说和浑天说都设置了一个天球的硬壳，让天体在不同的壳上运动，唯独宣夜说明确宣称宇宙无限，并在论证时第一次破除了天体的硬壳。这的确是一个大胆且难能可贵的革命，甚至在哥白尼的日心体系中仍保留了一个标志宇宙范围的硬壳。这种学说吸收了元气学说，以解释日月众星的自然运动。唐宋时期的柳宗元、张载等思想家对宣夜说加以发展并做了更好的论证。

从哲学的角度来看，人们认为宇宙是无始无终、无边无际的。不过，对这个深奥的概念凭我们目前的知识仍无法做更深入的探讨，还

是留给哲学家们去研究吧。我们不妨把眼光缩小一些，讲一讲利用我们现有的科学技术所能了解和观测的宇宙到底有多大。

小说《西游记》中，孙悟空一个跟头翻到了天边，还见到了四根擎天柱。

那么，天有没有边际呢？

人类居住的地球大不大？够大了吧，光平均半径就有 6371 千米。可地球比起太阳，它仅是太阳的 1/1300000。包括地球等八大行星、50 多颗围绕着不同行星运转的卫星、数以万计的小行星、彗星、流星体以及行星际气体和尘埃物质在内的太阳系，其直径达 120 亿千米。

然而，如此庞大的天体系统——太阳系在银河系中只是极其微小的一部分，太阳也只是银河系中 1000 多亿颗恒星中的一个。这些恒星中有的比太阳大几十倍到几百倍。比如有的超巨星比太阳系的行星木星绕太阳运行的轨道还要大。可想而知，银河系该有多大了吧！银河系的直径有 10 万光年。

在银河系之外，还有 10 亿多个类似银河的恒星系统，叫"河外星系"。几十个这样的星系聚在一起叫"星系群"；上百个聚集一起构成"星系团"；它们又都归于更巨大的太空集团——"星系集团"（又称超星系集团）。银河系所在的星系集团称为本星系集团，它的核心是室女座星系团。无数超星系集团组成更庞大的总星系。我们用现代最大的望远镜虽已能观测到远离我们 100 亿光年的天体，这仍未超出我们的总星系的范围。

我们这个总星系的边在哪里？至今仍未找到。近几年天文学家用最先进的天文望远镜又观测到一个距离我们大约 200 亿光年的天体，它

室女座星系团

是在我们的总星系之内，还是之外呢？我们的总星系之外是否还有其他总星系呢？

宇宙是没有边际的，或者说以我们目前的智慧，还无法认识到宇宙的边际。正如我们的祖先早在战国时期就指出的那样：天是个无限广袤的太虚世界。

美国学者认为宇宙的直径至少是780亿光年。宇宙大爆炸之后残留的背景微波辐射中的波纹揭示了宇宙的大小这一令无数人关心的问题：宇宙两头相距至少有780亿光年。

直到现在，人们对宇宙尺寸的估算在"你看到有多大就是多大"到"无限"之间。总之，没有一个多数人认可的答案，而完全依靠偶然灵光闪现想出来的一个宇宙模型。克尼斯等人的研究至少确定了宇宙尺寸的下限，它没有排除宇宙无限大的可能。

根据《自然》杂志，有人认为宇宙像一个足球，直径600亿光年。其他一些理论则认为宇宙事实上没有那么大，但它自己缠绕着自己，所以很难确定边界。克尼斯在《自然》杂志上表示："原则上，地球的光线环绕着宇宙跑。所以如果我们看到40亿年前地球的情况，也没必要大惊小怪。"

于是克尼斯的研究小组决定在宇宙中寻找地球早期的状况。但应该看哪里呢？答案是尽量远，这意味着他们需要使用WMAP探测器分析宇宙背景微波辐射。这可以探测到宇宙形成最初期（大爆炸之后379000年）产生的微波辐射。如果宇宙较小，同一来源的光线将可以从不同方向到达同一个位置。该研究小组计算认为，这将产生辐射的不规则性（热点和冷点）。然而研究小组没有发现背景微波辐射中的冷点和热点。克尼斯由此做出结论认为，宇宙比我们的设备所能观测到的范围要大，直径至少780亿光年。宇宙还可能更大，他希望通过进一步的研究WMPA结果，修正自己的计算，宇宙的最小尺寸可能增大到900亿光年。

另外，从最新的观测资料看，人们已观测到的距离我们最远的星系是200亿光年。也就是说，如果有一束光以每秒30万千米的速度从该星系发出，那么要经过200亿光年才能到达地球。这200亿光年的距离便是我们今天所知道的宇宙的范围。再说得明确一些，我们今天所知道的宇宙范围，或者说大小，是一个以地球为中心，以200亿光年的距离为半径的球形空间。当然，地球并不真的是什么宇宙的中心。宇宙也未必是一个球体，只是限于我们目前的观测能力，我们只能了解到这一程度。

神奇的黑洞

望文生义，"黑洞"这个词，很容易让人想象成一个"大黑窟窿"，但事实却是相反的。所谓"黑洞"，不是洞，而是一种天体：它的引力场非常强大，以致连光都难以逃脱出来。

广义相对论认为，引力场将使时空弯曲。当恒星拥有很大的体积时，它的引力场对时空的影响甚微，从恒星表面上某一点发的光可以朝所有的方向沿直线射出。当恒星的半径越小，它对周围的时空弯曲作用就越大，朝某些角度发出的光就会沿弯曲空间返回恒星表面。

当恒星的半径小到一特定值（天文学上叫"史瓦西半径"）时，就连垂直表面发射的光都被捕获了，从而恒星就变成了黑星（洞）。说它"黑"，是指它就像宇宙中的无底洞，无论什么物质掉进去，"似乎"都不能逃出。说穿了，黑洞是"隐形"的。

那么，黑洞是如何形成的呢？其实，跟白矮星和中子星一样，在很大程度上黑洞或许是由恒星演变而来的。当一颗恒星衰老时，它的热核反应已消耗完了中心的燃料（氢），由中心产生的能量就很少了。这样，它再也没有足够的力量来支起巨重的外壳，在外壳的重压之下，核心开始坍缩，直到最后形成小体积、大密度的星体，重新有能力与压力保持平衡。

质量小一些的恒星主要演化成白矮星，质量比较大的恒星则有可能形成中子星。通过科学家的计算可以看出，中子星的总质量不能大于太阳质量的3倍。如果超过了这个值，那么将再没有什么力能与自身重力持平了，由此引发另一次大坍缩。

这样，根据科学家们的猜想，物质将势如破竹地向着中心点聚集，直至成为一个体积趋于零、密度接近无限大的"点"。而当它的半径一旦收缩到一定程度（史瓦西半径），如同我们上面所说的那样，巨大的引力就会把光也吞没了，从而切断了恒星与外界的一切联系——于是"黑洞"就诞生了。

　　天文学上所说的"黑洞"，是一种看不见的特殊天体。由于它具有许多奇妙的性状，所以引起了人们很大的兴趣。

　　从理论上提出黑洞的概念，可以追溯到 18 世纪末，而广泛的研究是从 20 世纪 70 年代开始的。

　　1798 年，法国天文学家拉普拉斯（1749—1827）在他著的《宇宙体系论》中指出，"天上最明亮的天体，可能是看不见的。"他计算出，一个直径比太阳大 250 倍而密度同地球一样的恒星，它的引力大得足以抓住它发射的所有光线，因而成为看不见的"黑洞"。这就是关于黑洞的最早预言。

拉普拉斯

　　1915 年爱因斯坦发表了广义相对论，指出时间、空间与物质是紧密联系在一起的。物质是引力源，引力使时空弯曲。引力场愈强，时空弯曲得愈厉害。

　　黑洞的巨大引力，会使它周围的一切物体都被吸入，因此，它是一个"无底洞"。而任何物体，无论是人，还是动物，或是火车、飞机，一旦落入黑洞，就会失去它们的个性，完全变为毫无区别的黑洞了。

　　从这些理论可知，黑洞具有质量，会自转，除此以外，黑洞还可能有电荷，但是电荷会转移或变化。一个带电的黑洞会排斥向它降落的带有同性电荷的物体，而只吸收带有异性电荷的物体，其最终结果是，大多数黑洞应当是中性的。

黑洞除了上述三个特性外，再没有别的性质，这叫作"黑洞无毛定理"。毛发是比喻性的，从人的毛发颜色、长度、类型，可以区别不同的人。因而毛发可作为人的一种特征。黑洞是"光秃秃"的圆球，仅有质量、角动量和电荷的区别，在其他方面无差别。

但是黑洞仍然具有不少有趣的特性。比如说，英国的霍金在20世纪70年代初证明了，任何黑洞的表面积（即视界面积），不可能随时间减小，这被称为"黑洞面积不减定理"。根据这条定理，两个黑洞可以相碰，合成一个黑洞，其合成的黑洞视界面积，一定不小于原先两个黑洞视界面积之和。但是一个黑洞不能分成两个黑洞，因为黑洞的分裂导致表面积减小，违反了上述的定理。

更令人惊奇的是，黑洞还会"蒸发"。这个概念是霍金于1974年提出来的。在这方面用经典物理学是难以理解的，需要用到量子理论。

根据量子理论，真空并不是绝对真空，它在不断产生正、负粒子对，并且极速湮灭，以致难以检测到，故称之为"虚粒子对"。

假定在真空中有一个黑洞，它可以吞噬虚粒子对的两个，也可能在虚粒子对湮灭之前吞噬其中一个。对于后者，剩下的一个粒子丧失湮灭对象。如果它是负能量粒子，随即就掉入黑洞。如果它是正能量粒子，由于"隧道效应"就存在一定的几率能穿透黑洞的引力势垒，而逃逸出去。总效果是一部分正能量粒子被辐射出去，而掉进黑洞的负能量粒子多于正能量粒子，导致黑洞的质量减小，这就是所谓的黑洞"蒸发"。

黑洞质量越小，粒子越容易穿透引力势垒，蒸发越快。理论算出，蒸发过程的能量释放率与黑洞质量的平方成反比，而黑洞的寿命与质量的立方成正比。

　　因此，质量大的黑洞，寿命就长。如相当于一个太阳质量的黑洞，"蒸发"掉的时间约要 2×10^{67} 年。这个数字比现在已知的最古老的天体的年龄要大不知多少倍。因此可以认为，恒星级的黑洞（虽然有量子辐射）的大小几乎没有变化。

　　霍金是一个残疾人，他在轮椅上研究自然科学最前沿的问题，取得了重大成就，因而被称为"轮椅上的科学家"。他写的《时间简史》（从大爆炸到黑洞），已成为世界最畅销的科普论著。我们引述的只是书中的部分内容，有兴趣的读者可阅读霍金的有关著作。

　　黑洞在理论上的研究已不少了，但是在宇宙间到底有没有黑洞呢？

　　黑洞不发光，用光学望远镜不能观测到，因此是很难寻找到的。但是，黑洞有强大的吸引力，可以对其邻近的天体发生作用而被我们间接发现。

　　比方说，有一对双星，它们绕着公共质量中心在旋转着。如果在双星附近有一黑洞，那么黑洞的引力作用将使双星的轨道运动发生变化。反过来，从双星的运动变化情况，可推知是否有黑洞存在。

　　但真正发现一批黑洞的候选者，则是在 X 射线天文学兴起之后。1970 年"自由号"卫星及 1978 年"爱因斯坦 X 射线天文台"卫星上天以后，发现了许多 X 射线源是双星。这些 X 射线双星很可能包含有黑洞。

　　最引人注意的有天鹅座 X-1（该星座中的 X 射线源的第一号）、圆规座 X-1 与天蝎座 V861 等。

天鹅座 X-1 是一颗极特殊的 X 射线双星，主星是一颗蓝超巨星（编号为 HDE226868），视星等为 9 等，表面温度约 2500K，质量大于 20 个太阳质量。

此双星系统的绕转周期为 5.6 天，但是伴星则未见到。天鹅 X-1 的 X 射线不断地发生变化，变化的时标从 1 毫秒到几十秒，强度变化十几倍。由此推知射线源的直径必定小于 300 千米，那是一个很小的射线源。

光谱分析发现，从主星有物质流向不可见的伴星区域，而伴星的质量至少有 6 个太阳质量大（另一种估计为 10～15 个太阳质量），已超过中子星的极限质量，因而被认为是一个黑洞。

高温的大量物质很快地挤到黑洞周围的薄盘（称为"吸积盘"），猛烈摩擦产生高温而辐射出 X 射线。吸积盘的半径估计有 160 万千米，而 X 射线是从离黑洞只有 3000 千米的吸积盘内边缘发射出来的。

从观测到理论都确证天鹅座 X-1 是一个黑洞，但是持谨慎态度的人认为还应当进一步研究确定。还有其他一些黑洞候选者，比较而言，它们是黑洞的可能性都不及天鹅座 X-1。

相对别的天体而言，黑洞显得太特殊了。例如，黑洞有"隐身术"，人们无法直接观察到它，连科学家对它的内部结构，也仅仅是缘于各种猜想。那么，黑洞是通过什么途径把自己隐藏起来的呢？答案就是——弯曲的空间。我们都知道一个最基本的常识，光是沿直线传播的。可是根据广义相对论，空间在引力场作用下会发生弯曲。这样，光虽然仍然沿任意两点间的最短距离传播，但传播的路径已经不是直线，而变成了曲线。形象地讲，好像光本来是要走直线的，但由于强大的引力拉着了它而使它偏离了原来的方向。

在地球上，由于引力场作用很小，这种弯曲几乎不会发生。而在黑洞周围，空间发生了非常大的变形。这样，那些被黑洞挡着的恒星发出的光，虽然有一部分进入黑洞被吞没，但另一部分光线会通过弯曲的空间而绕过黑洞到达地球。所以，我们可以毫不费力地观察到黑洞背面的星空，却看不到黑洞的存在，这就是黑洞的隐身术。

更有趣的是，有些恒星不仅是向着地球发出的光能直接到达地球，就是朝其他的方向发射的光也可能受附近黑洞的强引力折射而能到达地球。这样我们就既能观赏到这颗恒星的"脸"，同时也能看到它的侧面，甚至是后背。

在 21 世纪，"黑洞"无疑是最具有挑战性、最让人激动的天文学说之一。许多科学家正在为揭开它的神秘面纱而孜孜不倦地工作，不断地提出新的理论。

那么，星系级的，甚至更大的黑洞是否存在呢？

早就有人提出在我们银河系的核心有黑洞，估计这个黑洞的质量有 1 亿个太阳质量。它在吸积周围的气体物质时，会辐射强大的无线电波与红外光。对银河系的核心方向的观测中的确发现有这些辐射。但是从银河系的核心方向发出的射电波与红外光，也可以用别的因素来解释。所以银河系核心大黑洞仍是个悬案。

在河外星系，特别是在活动星系中，也可能存在大质量的黑洞。1997 年 1 月哈勃太空望远镜公布的观测成果中，提到在观测过的 15 个星系中，有 14 个星系中心极可能存在黑洞。另外还发现宇宙中存在 3 个超大质量的黑洞。它们的质量分别为太阳的 5000 万倍、1 亿倍和 5 亿倍。甚至有人提出我们现在所能观测到的宇宙（称为"总星系"），也可能是个硕大的黑洞。

奇妙的黑洞，仍然是当代天文学上的重大研究课题。

假想的白洞

黑洞如同宇宙中的一个无底深渊，物质一旦掉进去，就消失得无影无踪。根据我们共知的"矛盾"的观点，科学家们大胆地猜想：宇宙中会不会也同时存在一种使物质只出不进的"泉"呢？科学家就给它取了个同黑洞相反的名字——"白洞"。

科学家们猜想：白洞也应该与黑洞一样，有一个相似的封闭的边界，但与黑洞相反的是，白洞内部的物质和各种辐射只能通过边界向边界外部运动，而白洞外部的物质和辐射却难以进入其内部。形象地说，可以把白洞看成一个不断向外喷射物质和能量的源泉，它向外界提供物质和能量，却不吸收外部的物质和能量。

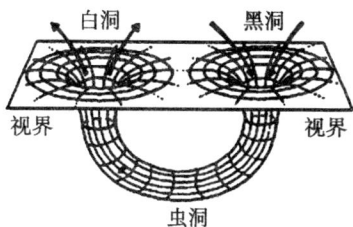

到目前为止，白洞还仅仅是科学家的猜想，还没有发现任何能证明白洞可能存在的例证。在理论研究上也还没有重大突破。不过，最新的研究得出一个可能会让人惊喜的结论，即"白洞"和"黑洞"很可能就是一体的！也就是说黑洞在这一端吸收物质，而在另一端则喷射物质，就像一个巨大的时空隧道。

最近，科学家们证明了黑洞有可能向外发射能量。而根据现代物理理论，能量和质量是可以互相转化的，这就从理论上为"黑洞与白洞是一体化"的预言提供了可能。

在目前的情况下，还不能彻底揭晓黑洞和白洞的奥秘。但是，科学家们每前进一点，所取得的成绩都让人振奋不已。我们相信，打开宇宙之谜大门的钥匙就藏在黑洞和白洞神秘的背后。

X 射线星与 γ 射线星

X 射线与 γ 射线是电磁波谱的一部分，它们的波长非常短，能量却很大。X 射线的能量在 $10^2 \sim 1.3 \times 10^5$ 电子伏特，而 γ 射线的能量在 $10^5 \sim 10^{16}$ 电子伏特。

这些高能部分的辐射大部分被地球大气吸收了，只能在高空上观测到，通常用火箭与人造卫星去观测。20 世纪 70 年代后，空间观测与研究得到全面的发展，有了许多专用的人造卫星。在探测 X 射线方面有乌呼鲁（Uhuru）卫星、高能天文台 1 号（HEAO-1）卫星及 2 号卫星、伦琴卫星（ROSAT）等；在探测 γ 射线方面有康普顿 γ 射线天文台卫星（CGRO）等。这些观测台上大都装有成像望远镜，以了解高能辐射源的形态与变化。

发射 X 射线与 γ 射线的点源，习惯上称为 X 射线星与 γ 射线星。但不应理解为只发射 X 射线与 γ 射线，它们同时也可能有低能部分的辐射（可见光、射电波之类）。

这些点源的名称常用某星表的编号或某星表代号附上坐标值。如 3C273 是指英国剑桥大学编的第 3 个射电星表中的第 273 号天体。

在利用各种探测器发现天空的某个点（或小区域）有 X 射线、γ 射线发射时，就要设法找出它们的光学对映体。如果有，就比较容易了解这个射线源的性质；如果未能找到光学对映体，就需要从理论上去考虑辐射的本质。

从已有的研究来看，在银河系内的 X 射线源、γ 射线源大多为密近双星系统、球状星团、超新星爆发遗迹，而河外星系中的 X 射线源、γ射线源，则多为活动星系核、类星体。此外，还有遍布于宇宙空间的 X 射线背景。据观测统计，X 射线源的分布有集中于银道面的倾向。

两颗子星靠得很近，称为密近双星。它们之间有物质交流，一个质量较大的能吸积另一个的物质。随着溶入物质的高速挤压，双星产生非常高的温度，便会产生极强的 X 射线。

研究发现，X 射线双星可分为高质量的与低质量的两类。

高质量的多数伴星为大质量星，质量大于 10 个太阳质量，光学对映体明亮，有快速的自转。它们的 X 射线有脉冲形式。最典型的是天鹅座 X-1。

天鹅座 X-1 的脉冲没有严格的周期，只在几十秒时间内脉冲。单个脉冲的时间在 0.3 秒至几十秒不等，脉冲还有一上一下的振动和快速变化。从射电定位观测发现光学对映体主星是 9 等的 O、B 型超巨星，质量大于 20 个太阳质量，伴星看不见。双星的绕转周期为 5.6 天。伴星应是 X 射线发射源，它的质量不会小于 6 个太阳质量。这个质量已超过中子星的质量上限（3 个太阳质量），因此，不可见的暗伴星很可能是一个黑洞。

低质量的 X 射线双星，其伴星质量比较小，比如 X1800-30 的伴星，质量约为 0.05 个太阳质量，那就不是中子星，而可能是白矮星，但大多数 X 射线双星的伴星是中子星。

超新星爆发遗迹

不少 X 射线、γ 射线源，是历史上超新星爆发后的遗迹。1006、1054 年有名的超新星均在我国有详细的记录，命名为 SN 1006、

SN 1054，而 SN 1572、SN 1604 分别被称为第谷超新星与开普勒超新星。SN 1987A 则是 1987 年被世界许多天文台观测研究的超新星。

超新星爆发遗迹，分为年老遗迹与年轻遗迹两种。

年老遗迹年龄大于 1000 年，X 射线辐射区域较大，能谱较软，能量较低，可探测的 X 射线在 2 万电子伏特以下。例如天鹅座圈（Cyg，Loop），船帆座 X 星云。脉冲星在光学、射电、X 射线、γ 射线波段都有辐射，这些同蟹状星云一个样。但是 X 星云中还有不少"亮点"。在脉冲星周围，还斑斑驳驳地散布着许多辐射。因此是一个很复杂的天体遗迹。

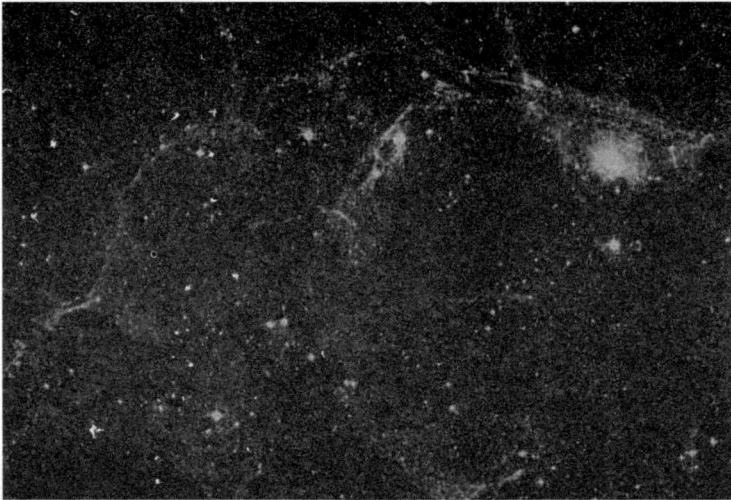

天鹅座圈

年轻遗迹年龄小于 1000 年，X 射线辐射区小，能谱较硬，能量较高。例如 SN 1006、SN 1054、SN 1572、SN 1604 和 SN 1987A 等。SN 1054 留下的蟹状星云有多波段的辐射，并有射电脉冲与 X 射线脉冲。这些脉冲是星云中央的中子星自转产生的。但 SN 1604 却没有 X 射线辐射，而 SN 1006 虽然没有分立的 X 射线源，却有较大的 X 射线辐射区。由此可知，年轻遗迹的辐射也不是一样的。其中有的有中子星，有的却没有，这种区别可能与爆发前恒星的质量有关。大质量的爆发才可能形成中子星。

河外 X 射线辐射

在银河系范围以外，也发现了不少 X 射线源。这些源有的是正常的或稳定的河外星系，有的则是活动星系核，种类繁多。

正常星系 X 射线源是片状的、复杂的，光度在 10^{31}～10^{33}（焦耳/秒）之间。它们的 X 射线辐射是一些致密双星和超新星爆发遗迹构成的单个源辐射的集合。据"爱因斯坦天文台"卫星的观测，邻近我们的星系的 X 射线源主要是超新星爆发遗迹。比如大麦哲伦星云的大多数是超新星遗迹，小麦哲伦星云的 1/4 是超新星遗迹。

仙女座大星云

仙女座大星云 M31 与 M32 跟大麦哲伦星云不同，它们的 X 射线源多是双星系统。

除了在正常星系中探测到 X 射线辐射外，在特殊星系，尤其是活动星系核，也有 X 射线辐射。不过，由于这些星系核距离遥远，它们辐射很弱，因而只能进行流量的测量。

活动星系核的 X 射线光度存在长期、中期与短期三种变化。长期变化的时标在月和年。最好的例子是半人马座，它的 X 射线是低光度 X 射线源。在 1970—1973 年间，它的亮度在基础上增加 5 倍；1977～1978 年又回到原来的状态，1979 年又增加 5 倍。在此期间，还出现 10 天左右的快速变化。

中期变化的时标为几天，短期变化时标只有几百秒。

类星体是一类强 X 射线源。一般 X 射线光度在 1036～1040 焦耳/秒之间，其中较强的 X 射线光度可和光学光度相比拟。

观测还发现宇宙的 X 射线背景。这个发现就如同宇宙背景辐射一样，对于宇宙的演化具有十分重大的意义，在 X 射线能量范围内。天空远不是黑暗的，弥漫的流量比已经认证的分立源的流量还要大。这些辐射大多数是宇宙起源的，所以被称作"宇宙弥漫 X 射线背景"或"宇宙 X 射线背景"。

宇宙 X 射线背景辐射是在狭窄的能量范围内测量的，不同的观测所用的能量范围相差很大。

一般认为这种辐射的一部分来自银河系，能量较低；另一部分是河外贡献的（主要是类星体），能量较高。

宇宙 X 射线背景的研究，将成为空间天文学的重要内容之一。

γ 射线暴

γ 射线暴又称为宇宙 γ 射线暴、γ 射线爆发，简称 GRB。这种射线暴具有爆发时间短、能量大、释放快等特点。最早的发现，是美国核爆炸探测卫星"维拉"（1973）所作的。后来康普顿天文台卫星升空，一下子就探测到几百个 γ 射线暴。命名有两种方法，一种是用 GB 加注位置赤经、赤纬，如 1979 年 3 月 5 日特大 γ 射线暴为 GB0526 - 66。另一种用日期来命名，如一天内有几个爆发就加注 a、b、c……例如上述特大爆发为当天发现的第 2 个，就记为 GB 19790305b，它也就是 GB0526 - 66。

γ 射线爆发有单个脉冲、双脉冲和多个脉冲的过程。例如 GB781124 事件上升时间为 2～3 秒，衰减时间为 5～10 秒。爆发持续时间各不相同，最短的（GB820405）短于 12 毫秒，最长的（GB840304）长于 1000 秒。爆发脉冲之间很少有周期性。爆发源在空间的分布是各向同性的（各向同性是指对任何方向观测，在天球上任一块同样大小的面积内，总可以找到同样多的星系，这就叫作各向同性，即指宇宙不存在方向上的差别），没有集中于银道面的趋势，也没有向银河系核心集聚，分布也比较均匀。

我们来看看一个特殊的 γ 射线暴 GB 19790305b。这个著名的爆发曾经被 9 个空间探测器观测到。它的位置跟大麦哲星伦星云内超新星遗迹 N49 位置相符，爆发源距离 N49 约 180 万光年，估计辐射能量达 10^{37} 焦耳。比以往发现的最强爆发强几十倍。爆发脉冲极短，只用 1 毫秒的时间，比一般 γ 射线暴短几百倍。首次爆发持续 120 毫秒之后，跟着发生一系列弱的周期脉冲。周期脉冲是由中子星的自转而形成的。

这个巨大的爆发源是什么？天文学界已提出了几个看法。按照我国天文学家曲钦岳的说法，这个爆发源是在银河系以内的，距离约 300 光年。这次事件可能发生在一个包含有中子星的双星系统中。由于某种原因，来自伴星的大量物质突然向中子星极区表面注入。在注入过程中，大部分电子飞向中子星表面，以热韧致辐射等机制将动能化为辐射能；极少部分电子被加速，通过非热韧致辐射产生 γ 射线，甚至可以在中子星极区发生正、负电子对的湮灭而产生 γ 射线。爆发时注入中子星表面的质子与表面物质碰撞，也将动能转化为热能，形成硬 X 射线。

人们已发现的宇宙 γ 射线暴有 1000 多个，除了 GB790305b 以外，还没有一个爆发在光学、射电或红外波段观测到宁静对映体。这些爆发是随机的，来去无踪，行为不定。但能量是那么的大，所以引起天体物理学家的高度重视。它们是产生于银河系以内，还是在银河系以外的？目前流行的一种说法是，γ 射线暴起源于整个宇宙中，它跟宇宙的起源有关，但详细情况目前仍无法了解。

"宇宙蛋" 有多小

这 个问题是人们在运用大爆炸理论来探索宇宙的诞生时产生的。假设所有的天体最初都源于同一地点——宇宙蛋中，后来这个原始 "宇宙蛋" 突然爆炸，便成了今天的宇宙。那么，这个原始 "宇宙蛋" 有多小呢？

如果将宇宙中所有的物质挤压在一起，就是原始宇宙蛋的体积，现在的宇宙挤压到最低程度时，是个什么样呢？

科学家们假设宇宙中的一切物质都是由夸克（一种基本粒子，是构成物质的基本单元）和电子构成的，三个夸克构成一个中子和质子，即原子核。原子核和若干个电子构成物质的原子。如果夸克的直径不超过 10^{-19} 米，那么，宇宙中的全部物质可被挤压成木星大小的球状星。

这只是个非常粗略的估算，没有包括宇宙中的暗物质，也不包括尚未观测到的更遥远的宇宙。但是，这一估算可以使我们获得关于原始"宇宙蛋"大体上有多小的物理概念。

因为人们现在所知道的夸克和电子的大小受现代科学技术水平的局限。所以，究竟宇宙蛋小到什么程度，仍旧是一个令人费解的谜。

神秘的宇宙大引力体

1968 年以来，国际天文研究小组的"七学士"（天文学家费伯和他的同事们）在观测椭圆星系时发现，哈勃星系流正在受到一个很大的扰动。所谓哈勃星系流就是指宇宙所表现出来的普遍膨胀运动，有时简称哈勃流。这是根据著名的哈勃定律、由观测星系位移现象所知晓的。哈勃流受到巨大扰动这一现象说明，银河系南北两面数千个星系除参与宇宙膨胀外，还以一定的速度奔向距离我们 1.05 亿光年的长蛇座——半人马座超星系团方向。

天文学家们经分析认为，在长蛇座——半人马座超星系团以外约 5 亿光年处，可能隐藏着一个非常巨大的"引力幽灵"——"大引力体"（或称"大吸引体"）。

有人用电子计算机作理论模拟显示，发现这个神秘的大引力体使银河系大约以每秒 170 千米的速度向室女星系团中心运动，与此同时，我们周围的星系也正以每秒约 1000 千米的速度被拖向这个尚未看见的大引力体。有人推测，这个大引力体的直径约 2.6 亿光年，质量达 3×10^{16} 个太阳质量，距离我们大约 1.3 亿光年。我们处于大引力体的外层边缘。

但是，也有人否定这个"引力幽灵"的存在。如英国伦敦大学的天文学家罗思·鲁宾逊及他的同事们，在仔细观察了国际红外天文卫星（1983 年发射）发回的 2400 张星系分布照片后断定，已观测到的星系团如宝瓶座、长蛇座和半人马座等，比以前人们认识的要大得多，其宽度大约有 1 亿光年。这些庞大的星系团中存在着足够的物质，也足以产生拉曳银河系的引力，而不是什么别的大引力体。

究竟有没有大引力体，的确是一个令人费解的宇宙之谜。

宇宙的大尺度结构

我国古人将宇宙看做是空间与时间的结合体，这一理念同爱因斯坦的四维时空（长、宽、高、时）的观念是一致的，但时间上比后者要早 2000 多年。这两种观念都认为空间不是空的，而是充满着物质，而时空的性质决定于物质的质量。这些前面已叙述了，现在，我们的视线早已离开了太阳系，开始深入到星系与星际的空间。我们该看看宇宙的大尺度结构了。

由近及远来说，从地球开始，更大的时空范围是太阳系（其他的恒星也有类似于太阳系的行星、卫星等）。而全天的恒星组成了一个恒星城，称作银河系，它包含有恒星、双星、聚星、星团、星云、星际尘埃、宇宙线，以及延伸的星际磁场等。银河系主体的直径约为 10 万光年。同银河系一样的天体系统，统称为"星系"。现在已观测到的星系差不多有 10^{11} 个（1000 亿个）。星系的尺度范围为 14×10^6 光年，相邻星系间的平均距离为 3×10^6 光年。可知星系间的距离比恒星间的距离要近得多。两个星系很容易相碰撞，而两颗恒星则很难有相碰的机会。

星系单独存在的情况并不多见，而多数星系都喜欢"群居"，组成双重星系、多重星系、星系群和星系团，它们之间靠万有引力在维系着。

著名的大麦哲伦星云与小麦哲伦星云就是一个双重星系。而大麦哲伦星云、小麦哲伦星云和银河系又组成三重星系。1975 年，人们发现了离银河系只有 5.5 万光年的比邻星系。因此，银河系、大小麦哲伦星云与比邻星系实际上是一个四重星系。仙女座的大星云（M31）与附近的 M32 和 NGC205 也组成一个三重星系。

银河系附近的 40 多个星系，组成为"本星系群"。

再远些，离我们最近的是玉夫座星系群、大熊座星系群和天炉座星系群，其中含有的星系数为 6～16 个不等。

由 100 个到上千个星系组成的更大星系集团，称为"星系团"。离我们较近的不规则星系团是室女座星系团；离我们较近的规则星系团是后发座星系团，包含的星系总数可能多达 1 万个。

然而，像这样范围较大且星系众多的星系团为数不多。平均说来，可观测到的星系团总数超过 1 万个，各星系团内的成员星系数约为 130 个。

若干星系团还可进一步聚集组成"超星系团"。我们所在的银河系称为"本超星系团"，由本星系群、室女座星系团、后发座星系团、大熊座星系团及其他约 50 个较小的星系群或星系团组成。本超星系团为直径约 10^8 光年的扁平状天体系统，总质量约为 10^{15} 太阳质量。室女座星系团可能是本超星系团的核心部分，而本星系群则位于本超星系团的边缘附近。

在本超星系团之外，还有其他的超星系团，超星系团一般含有 5～10 个星系团，已发现的 50 个超星系团中，最大的一个拥有 29 个星系团。

宇宙物质的结构为太阳系、银河系、星系群、星系团至超星系团，像阶梯似的一级一级地扩大，那么，能不能再扩大下去呢？问题相当复杂。因为这么庞大的星系集团，很难证明星系之间会有引力联系。很可能是一些星系偶然地互相接近，而不是构成更高一级的天体系统。

值得注意的是星系的空间分布，近年来的观测表明，星系有点像蜂窝形（一说为泡沫形）。中间是空的（也叫"宇宙巨洞"），星系沿棱分布，在两个棱交会处，星系更加密集。沿棱边的长条形分布，也叫作"星系长城"，比如 1992 年美国天文学家观测到有一条长 5 亿光年、宽 2 亿光年、厚 1500 万光年的"星系长城"，其中包含有 4000 多个星系，其密度是平均星系密度的 5 倍。超星系团的存在表明，宇宙的物质分布在 10^9 光年的数量级范围内是不均匀的；但在更大尺度的空间里，星系的分布却呈现出均匀性和各向同性。

爱因斯坦在研究宇宙学时，就早已谈到了这一点。他指出：在宇宙的尺度（大于 3 亿光年）上，任一时刻，宇宙物质的分布是均匀的和各向同性的，这被称为"宇宙学原理"的重要理论。

这个原理已被不少观测所证实。

这个原理的含义是：

1. 在宇宙尺度上，空间任一点和任一方向，在物理量上是不可分辨的，即无论其密度、压强、曲率、位移都是相同的。但在同一点，在不同时刻，其各种物理量可以不同。所以这个原理允许宇宙有一定的演化。

2. 宇宙中各处的观测者观测到的物理量和物理规律都是一样的，也就是地球的物理规律在其他星球上也一样，这才有了"共同语言"。否则，就不好去讨论别的星球上的物理情况了。简单的比喻是，地球上的人是吃米饭、蔬菜的，你就不能说，别的行星上的"人"（外星人）是吃石头、沙土的，这是很荒谬的。离开了宇宙学原理，就不能讨论宇宙间的生物与人的问题了。所以，我们认为地球上所看到的宇宙演化图景，在别的星球上也可以看到。

宇宙学原理是人们探讨宇宙演化的基础。如果将其中的"任何时刻"改为"一切时刻"或"所有时刻"，那就叫作"完全的宇宙学原理"。这个原理得出的宇宙是不演化的、静止的宇宙，现在绝大多数科学家拒绝接受这个原理。

大爆炸宇宙模型

自从哈勃发现了"哈勃定律"后，人们就知道宇宙是在不断地膨胀着的。无数的星系互相离开着，距离越来越大了。

可是，如果反方向考虑，随着时间倒流，所有的星系就从四面八方向某一中心汇聚，最终应集中到一个小范围内。这个范围内的物质应是极密、极重的，并且又是极高温的（由于汇聚中的碰撞加剧造成的）。有人称之为"宇宙蛋"或"原始火球"。我们现在观测到的宇宙就是由所谓"原始火球"大爆炸而形成的。

这种设想，最早由比利时数学家勒梅特（1894—1966）于1927年提出。他设想最初的"宇宙蛋"是不稳定的，在一次无与伦比的大爆炸中形成无数碎片，后来由那些碎片逐渐形成各种星系。

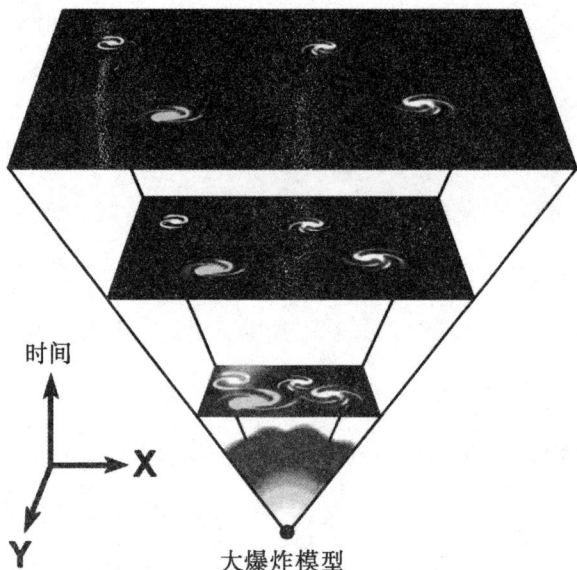

大爆炸模型

真正从理论上阐明这一观点的是美国物理学家伽莫夫（1904～1968）等人。他们在《化学元素的起源》一书中勾画出大爆炸宇宙模型。这个模型指出，宇宙从诞生到现今，大致经过可以分为3个阶段：初始阶段、辐射为主阶段与实物为主阶段。大概情况如下：

1. 初始阶段。大约在100亿年前，原始火球开始大爆炸（用"大爆炸"这个词，只不过为了形容当时宇宙演化的剧烈，不能把它想象为像一颗炸弹那样的爆炸，因为宇宙是没有中心的）。当时的温度极高，达到10^{12} K。那时宇宙的主要成分是光子、正反μ介子、正负电子、正反中微子和极少量的质子、中子等。温度迅速降低，正反 μ 介子开始湮灭。温度降至 10^{11} K 以下，中子开始衰变为质子。爆炸后 1 秒钟，温度就降到 10^{10} K，此时，正负电子开始湮灭。宇宙的主要成分只有光子、中微子和极少量的稳定粒子。这里的所谓极少量是与爆炸初期的各种粒子总数相比而言的，实际上今天的宇宙也就是这些稳定的粒子（电子、中子、质子）组成的。在第 1 秒末的时候，宇宙的尺度还很小，大约只有 5 光年，但是物质和能量的密度却很大。尤其是光子和中微子的能量按当时的温度来算更高。随着宇宙的膨胀，它们都在迅速地降低。

按照热辐射的性质，辐射的波长愈长，相应的温度就愈低，那么可以推知，宇宙的温度和它的尺度成反比。宇宙膨胀得愈大，它的温度愈低。这个规律在宇宙演化的各个阶段，都是存在的。

2. 辐射为主阶段。在大爆炸后 1 分钟，温度由 10^{10} K 降到 10^5 K 时，宇宙的尺度相应地膨胀了 10^5 倍。最后达到 50 万光年左右的阶段，称为辐射为主阶段。

开始时，宇宙的温度保持在 10^9 K 以上，质子和中子可以通过一系列的核反应产生出氘核和氦核，即化学元素开始形成。计算出质子比中子多 6～7 倍，到宇宙时 3 分钟时，氦的丰度稳定在 30% 左右。元素的合成到 30 分钟末尾就基本停止了，这时产生了大量的氢与氦，成为现今宇宙的主要成分，同时也产生了其他的一些轻元素。

3. 实物为主阶段。宇宙温度降到 10^5 K 以下，实物的平均密度超过了辐射的质量密度，宇宙的演化就开始进入了物质时期。这个阶段一直延续到现在，又可分为前后两阶段。

开始时，在宇宙年龄小于 70 万年，温度高于 3000K 的前段，由于温度仍然很高，实物粒子都在高速运动着，自由电子、光子也在快速运动，互相碰撞，互相混杂成均匀的混合状态，因此，这时期宇宙物质仍然处于严格均匀、各向同性状态。同时光子和电子经常发生碰撞，无法顺利地穿透宇宙空间，所以大爆炸至此，宇宙都是不透明的。

在温度降到 3000K 以下时为后一阶段，随着温度下降，物质粒子的能量愈来愈小，电子的能量也变小了，只能与正电荷结合成中性质子。宇宙间失去了大量的电子，光子不再受到自由电子的强烈散射，宇宙就开始变得透明了。

从此以后，实物和辐射之间基本上分开了，互不干扰。实物就可能发生非均匀性扰动或涨落，而分裂成团块，然后在引力作用下，逐渐聚集成各种层次的天体。在宇宙诞生 10 亿年左右时，星系开始形成。在 40 亿年左右时，第一代恒星形成。在宇宙诞生后 150 亿年左右，行星形成。

太阳这颗典型的恒星，从日珥光谱观测得出氦的丰度为 38%，而从太阳风粒子流的观测，推算出氦的丰度为 20%。恒星内部的氦的丰度利用赫罗图去推算，其值在 24%～33%，都符合大爆炸宇宙模型。

大爆炸宇宙模型在下列几个方面得到科学的证实。

1. 星系退行，表明宇宙是在不断地膨胀着的。

2. 从大爆炸至今，宇宙间还应该有剩余的热，其温度约为 3K。1965 年美国天文学家彭齐亚斯和威尔逊发现了微波背景辐射的温度约为 3K，证实了这一点。

3. 按大爆炸宇宙学的推算，宇宙间氦的含量应为 30% 左右，已为观测所证实。

4. 用许多方法测定的不同天体的年龄，都与用哈勃定律推算的宇宙年龄相符。太阳的年龄是 46 亿年。最古老的球状星团的年龄，也小于宇宙年龄 200 亿年。

正是由于有这些观测事实，所以大爆炸宇宙模型得到广大科学家的青睐，这个模型也常称为标准宇宙模型。

但是，大爆炸宇宙模型仍然存在不少问题。譬如说，宇宙物质是由热到冷的演化过程，但热的物质怎么能凝聚为星系与恒星呢？还有起点（奇点）的问题。"宇宙蛋"实际上是一个奇点。所有物质和时间都缩到一个点，一个几何学上的点。宇宙就可从这么一个奇点爆炸产生，在物理学上难以接受。此外，还有近年来的一些空间观测事实，用标准宇宙模型也难以解释。

宇宙肥料

1908 年 6 月 30 日凌晨，俄国西伯利亚通古斯河畔，突然一声天崩地裂的巨响，一束圆柱状的蘑菇云冲天而起，热流飞卷，牲畜被焚烧，金属遭到熔化，草木成灰炭。附近牧民的帐篷也被一阵狂风刮得无影无踪。这就是震惊世界的"通古斯大爆炸"。

至于这次灾难性大爆炸的起因，人们大都认为是天体撞击地球的结果。虽然其中迷雾重重，如，找不到一个陨石坑，也没发现一块陨石碎片。但是，人们在这块土地上却有了一个惊奇的新发现：当时因爆炸夷平的椭圆形地带的树木又绿树成荫，附近松树年轮也明显比从前变宽 10~15 倍。

是什么促使植物生长加快，并增加了抵御自然界不良影响的能力？科学家们提出了种种解释。有人认为是坠落体的放射性改变了植物的遗传密码；有的说是因撞击、震动而使土地疏松，起到了深耕效果；也有人提出是大爆炸产生了氮氢或氮氧化合物，肥沃了土地。

　　科学家做过试验：使用通古斯爆炸区所产生的天体物质来喷洒农田，结果，农作物长得格外好，产量也增加 10%～70%。科学家们由此产生了制造"宇宙肥料"的设想，并成功地研制出了一种宇宙肥料。据说，使用研制的宇宙肥料，能使马铃薯增长 50%，对牧草的生长更具奇效。

第三章　神奇的天文现象

日　食

日食，又作日蚀，是一种天文现象，只在月球运行至太阳与地球之间时发生。这时，对地球上的部分地区来说，月球位于太阳前方，因此来自太阳的部分或全部光线被挡住，看起来好像是太阳的一部分或全部消失了。日食只在朔，即月球与太阳呈现合的状态时发生。

日食（日蚀）是相当罕见的现象，日食分为四种，包括日全食、日环食、日偏食及全环食，其中较罕见的是全环食，只发生在地球表面与月球本影尖端非常接近的情形下，这时不同地区会出现日偏食、日全食和日环食三种不同的日食。日全食是一种相当壮丽的自然景象，所以经常吸引许多游客和天文爱好者特地到海外去观赏日全食。例如，在1999年8月11日发生在欧洲的日全食，吸引了非常多观光游客特地前去观赏，也有旅行社推出专门为这些游客设计的行程。

日食一定发生在朔，即农历初一当日。此时月球位于地球和太阳之间，但因地球轨道（黄道）与月球轨道（白道）成5°9′交角，故并非每次朔日皆有日食发生，而日食发生时，日月两者皆一定在"黄白交点"（升交点或降交点）附近。《说文》说"日蚀则朔，月蚀则望"，唐代诗人卢仝的诗句"望日蚀月月光灭，朔月掩日日光缺"，即讲述月食发生于望，日食发生于朔的道理。

理论上日全食则只发生在月球的远日区。根据计算，月球的远日

中小学生天文常识一本通

点与太阳的远日点同时发生时，地球能够观看全日食窗口的宽度约208千米，月球的远日点与太阳的近日点发生时，地球能够观看全日食窗口的宽度约100千米（只有本影区而无半影区）。至于月球在近日点时，地球每一个角落就都只能观测到日环食，也就是太阳的半影区与本影区重叠。

一、日食的种类

1. 日全食：太阳比月球宽400倍，但离地球也是400倍远。由于对称的缘故，月球的暗影，也就是落在地球表面的阴影，宽度正好可以遮住整个太阳。太阳光球完全被月球遮住，原本明亮的太阳圆盘被黑色的月球阴影遮盖。然而，也只有在日全食发生时才可能用肉眼观测到模糊的日冕。日全食只在月球位于近地点时发生，此时月球的本影锥长度较月地之间距离长，本影锥才能扫到地

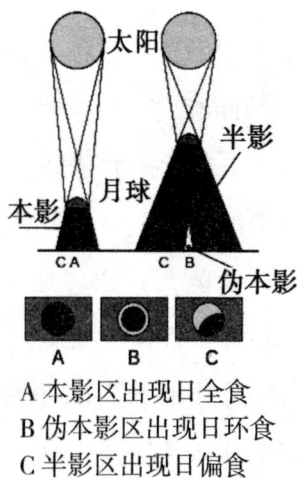

A 本影区出现日全食
B 伪本影区出现日环食
C 半影区出现日偏食

球表面。由于太阳的实际体积比月球大很多，月球的本影对太阳来说只是一个小点，因此日全食通常只能在地球上一块非常小的区域见到（在全食区之外，所见的食相是偏食）。

2. 日偏食：中国史书上称"日有食之，不尽如勾"，造成日偏食的原因是因为观测者落在月球的半影区中，观测者会看见一部分的太阳被月球的阴影遮盖，但另一部分仍继续发光。太阳和月球只有部分重合，依据两者中心的视距离远近（太阳被月球遮盖的最大直径）来衡量食的大小。通常日偏食是伴随着其他食相发生，如全食或日环食或全环食。但发生在极区的某些日食会是单纯的日偏食（不伴随其他食

相），这是因为月球与黄道面的距离稍远，只有半影碰到地球表面。

3. 日环食：当月球处于远地点时，月球的本影锥不能到达地球；到达地球的是由本影锥延长出的伪本影锥。此时月球的视直径略小于太阳。因此，这时太阳边缘的光球仍可见，形成一环绕在月球阴影周围的亮环（在环食区之外，所见的食相是偏食）。

4. 全环食：全环食只发生在地球表面与月球本影尖端非常接近，或月球与地球表面的距离和月球本影的长度很接近的情形下。由于地球为球体的关系，而本影影锥接触地球时为日全食（常在食带中间），在食带两端由于影锥未能接触地球，致只能有伪本影到达地球之下，所看到的是日环食。所以，当全环食发生时，随着地月之间的相对运动，会先后出现环食→全食→环食，当然，对于某一个具体的地点来说，在一次日食过程中是不会同时看到全食和环食的。全环食发生机率甚少。

二、日食的成因（不依照实际比例）

地球与太阳的距离约是地球与月球距离的 400 倍，且太阳的直径大小也约是月球直径大小的 400 倍。在理论上，由于这两个比例相当接近，我们由地球观测太阳与月球时，两者的大小应该大略相等，或者说它们的视直径大约相等——差距应该局限在 0.5 弧度左右。然而，由于月球及地球的公转轨道都大约是椭圆形，造成我们观测而得的月球及太阳大小不固定。

日全食和日环食在天文学中称之为中心食，只要发生中心食，必然会发生日偏食。当日出时，太

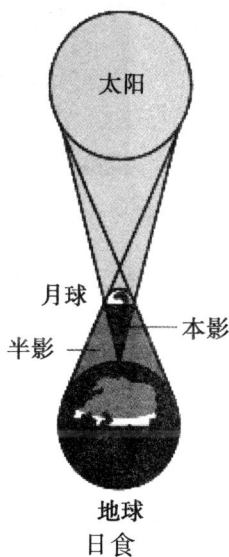

太阳

月球

半影 — 本影

地球
日食

阳已被食去（日食没结束）时，当地发生日出带食或带食日出；当日落时，太阳还在被食（日食尚未结束）时，则称日落带食或带食日落。另外月食有半影月食，但日食没有半影日食。

三、日食的观测

1. 观看日全食奇观

只有在日全食时可见的日冕和日珥

观看日全食也需要"靠天吃饭"。如果有云的遮挡，那么效果就会大打折扣。在日全食发生的过程中，月球会逐渐地遮挡太阳。在日全食发生前那一刻，也就是太阳即将被月球挡住的那一瞬间，日面的边缘会出现一串犹如珍珠一般夺目的亮点，这就是只有在日全食时才能看到的倍利珠，它是由于阳光透过月球表面有起伏不平的山峰所造成的，整个过程只持续1到2秒。

紧接着太阳整个会被月球遮挡，日全食正式开演。天空变得昏暗，恒星出现，在太阳附近还能看到难得一见的水星。地面温度会有一定下降，一些鸟儿甚至还会回巢。这时太阳周围会出现一个淡红色的光圈，这就是它的色球层。如果运气好，还能看到从太阳表面伸出的长达几万千米的粉红色日珥。在太阳的外围还能看到巨大的白色羽毛状日冕。这些平日里只有使用特殊天文仪器才能看到的景象，在日全食时都可以尽收眼底。这也正是那些现代"夸父"不远万里追逐日全食的原因。

特别提醒：在除日全食以外的任何阶段使用没有专业减光措施的望远镜观看太阳都有可能会造成永久性失明！

2. **安全观测日食的方法**

（1）减光观测：观看日全食，在物镜端加装滤光膜或减光光栅，减弱太阳光，使它不致烧伤眼睛。

（2）投影观测：不减光，用望远镜成像，通过目镜端投射到墙壁、投影板上。

（3）小孔成像：用一个带有小孔的板遮挡在屏幕与物之间，屏幕上就会形成物的倒像，我们把这样的现象叫小孔成像。前后移动中间的板，像的大小也会随之发生变化。这种现象反映了光线直线传播的性质。

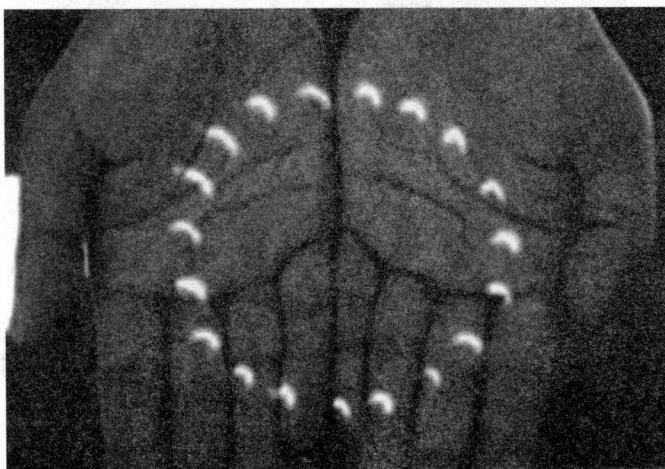

図中文字：
用铅笔钻一个孔
太阳
在纸上形成图像

3. 目视观测方法

目视观测即用肉眼直接观测或用肉眼通过仪器进行观测。首先声明，不能直接用肉眼观测太阳。因为太阳光很强使你无法观测，甚至会烧伤你的眼睛，观测时必须有减光装置，否则无法观测！

下面介绍几种有趣的目视观测方法：

（1）使用电焊护目镜

电焊护目镜

（2）熏黑的玻璃

找一块玻璃在煤油灯上把它熏黑涂均匀，日食发生时候可隔着这块熏黑了的玻璃观测。由于玻璃很难完全涂均匀，因此该方法并不推荐大家采用。

熏黑的玻璃

（3）曝光的废胶片或曝光的 X 底片

用一张或几张废照相底片，把它们重叠起来，日食发生的时候隔着这些底片看太阳，此种方法可根据太阳光的强弱随时增减底片层数，还可以装在自制的眼镜框上，使用起来很方便，但并不推荐使用该方法长时间观测。

曝光的废胶片头（叠加）

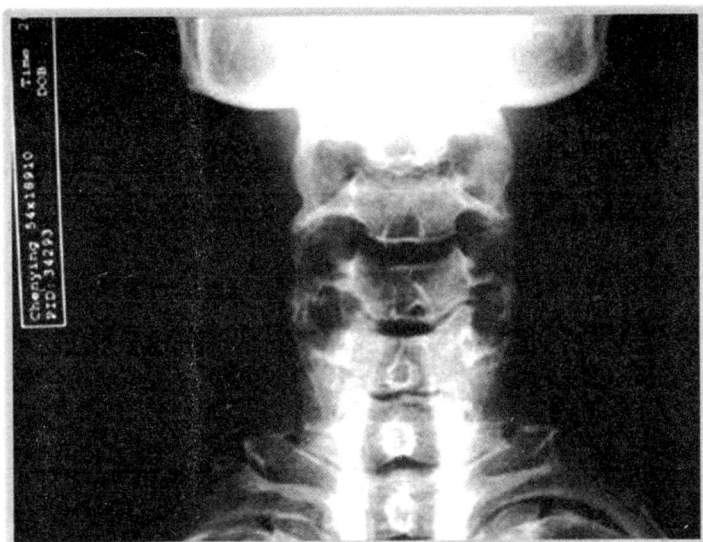
曝光的 X 底片

（4）墨汁水盆

取一盆清水倒入适量墨汁，待静置平稳后通过它看太阳的倒影，这是一种简单易行的观测方法。但是水面反射的太阳光同样会对人眼造成影响，所以不推荐大家用来长时间观测。

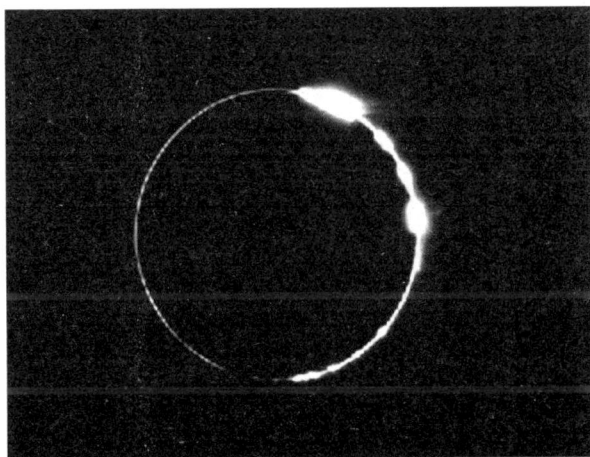
倍利珠

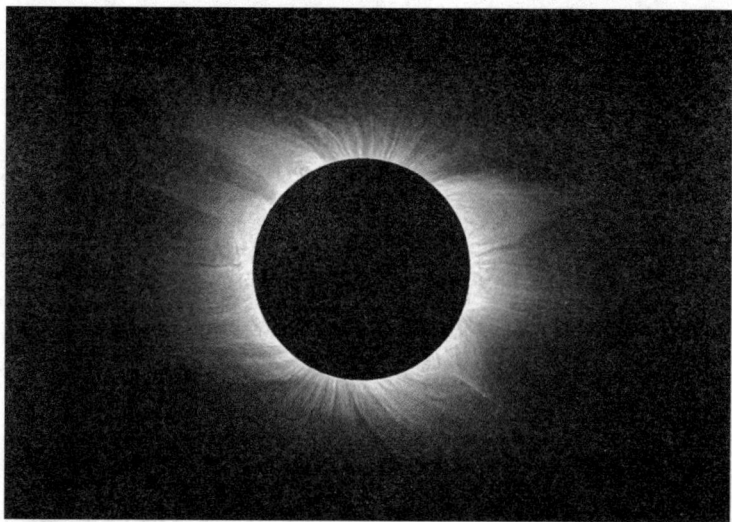

日冕

关于日食的趣闻

没有哪一种天象能像日食那样对于世俗文化具有这么大的冲击力。尤其是当日全食发生的时候，白昼在顷刻间变成黑夜的场景更是让人不禁颤栗。《诗经·小雅·十月之交》中写道："十月之交，朔月辛卯。日有食之，亦孔之丑。"意思是说，十月初一辛卯日，天上有日食发生，这是不祥的征兆。在中国古代，日食被当成是上天的警告，格外受到帝王的重视。

时间到了近现代，日食已经完全没有了古时候政治上的象征意义。对于普通大众和科学家而言，它的"娱乐"意义和科学意义倒是有增无减。2009年7月这一自然界最壮观的景象就出现在了神州大地之上。

1. 年度日全食大戏

2009年7月22日出现近20年来持续时间最长的日全食，最长持续时间6分39秒。如果要找比这更长的，那就要回到1991年7月11

日的墨西哥日全食，当时最长持续了6分53秒。

在那次日食中，月球的影子首先降临在印度的西部。日全食带会穿过尼泊尔、孟加拉国、不丹以及缅甸。20分钟之后，月影就会进入中国境内。首当其冲的是成都、重庆，然后取道武汉、合肥，接着途经苏州、杭州，最后从上海出境。月影在中国境内的行程大约历时25分钟，其日食带中心线会从上海的南边经过，这意味着在那里可以看到长达5分56秒的日全食。之后日全食带会经过日本的一些岛屿，最后在太平洋上出现持续时间最长达6分39秒的日全食。

在观赏这一壮丽景象的同时，不禁要问为什么会发生日全食？这一切都要归功于太阳和月球的"大小"正好契合。太阳的直径大约是月球的400倍，而太阳到地球的距离也正好是月球的400倍。这两者"此消彼长"就使得太阳和月球在天空中看上去具有同样的大小。对于太阳系的其他行星而言，不是卫星太小无法遮挡住整个太阳，就是卫星太大可以挡住好几个太阳。难道这纯属巧合？

绝大部分天文学家的观点是肯定的。但这些数字背后也许还隐藏着一些不为人知的"天机"。月球是相当"与众不同"的。通常情况下行星的卫星是通过两种方式形成的。在太阳系形成的初期，行星会通过引力把物质吸引到自己的周围，形成一个扁平的物质盘。在其中会孕育出卫星，这些卫星一般个头较大，且靠近行星。木星的四颗"伽利略"卫星就是这一类"同源"形成的范例。另一种形成卫星的方式是引力俘获。当有小天体从行星附近经过的时候，由于受到气体阻隔或者其他作用的影响这些原本绕太阳运动的小天体反而就会被行星的引力"囚禁"住。这样形成的卫星通常比较小，且距离行星较远。火星的两颗卫星"火卫一"和"火卫二"就被认为是由此而形成的，火星因此也成为了太阳系中唯一拥有两颗天然卫星的类地行星。

但是由于月球相对于地球来说实在太大了，因此既无法通过同源的方式也无法通过俘获的方式形成。行星科学家们相信月球的形成只有一种解释，那就是碰撞。在太阳系的最初1亿年里，小天体在太阳系里横行，其中一个火星大小的天体撞上了地球。这一碰撞彻底改变了地球，由此撞击出的大量物质最终形成了个头偏大的月球。

更重要的是，这么大的月球对于地球上的生命来说是一种恩惠。由于来自其他天体的引力作用，地球在绕其自转轴转动的同时地轴也会发生摆动。月球无形的引力可以抑制住这种摆动，防止地球自转出现不稳定性以及由此造成的灾难性气候变化。这对于地球上的生命来说则是至关重要的。

由于是在撞击中形成的，再加上潮汐的作用，月球正在以每年3.8厘米的速度渐渐地远离地球。于是恐龙看到的日食和我们的截然不同。2亿年前月球要比现在看上去大得多，可以"轻而易举"地遮挡住整个太阳。而对于几亿年之后的地球居民来说，由于月球已经变得太"小"，因此不会再有日全食发生。

我们看起来很幸运正好位于两者之间：形成于撞击的月球正在远离，与此同时它又惠及着地球上的生命。也许正是这一愉快的巧合才使我们有幸能站在这里目睹日全食的发生。

2. 伴我们前行的日全食

除了使得地球能生生不息之外，月球遮挡太阳的这短短几分钟对于科学家而言还是天赐良机。氦元素就是借此发现的。对于地球上的天文学家来说，由于大气对阳光强烈的散射作用，因此只有在日全食发生和结束的片刻才能看到太阳的色球层和日冕。1868年法国天文学家让森在印度发生日全食之际拍摄了太阳色球层的光谱。其中出现了一条明亮的黄色谱线。经过详细地认证，英国天文学家洛克耶排除了这条谱线来自已知元素的可能，并且将产生这一谱线的元素命名为"氦"。到了1895年化学家才在地球上也找到了氦。就此氦成为了第一个也是目前唯一一个首先在地球以外发现的元素。

此外，在1868年和1869年的日全食过程中，天文学家还第一次观测到了日冕的谱线。大约25年之后就像氦的命名一样，产生这一绿色谱线的元素被命名成了"氪"。在这之后，又陆续在日冕中发现了不同的谱线，认证这些谱线就成为了天文学家的重要课题。1939年瑞典天文学家爱德兰发现，氪的谱线其实是来自被高度电离的铁原子（铁原子26个核外电子被剥离了13个）。问题看似终于被解决了，其实却带来了一个更大的麻烦。要产生高度电离的铁原子就必须要达到上百万度的高温。日冕位于太阳大气的顶层，而其底层大气（光球层）的平均温度却大约只有5500摄氏度。对于这一温度由内而外不降反升的现象虽然已经有了一些新的解释，但它仍然是21世纪的天体物理学需要解决的一大课题。

不过要是说名气，上面的这些日全食恐怕还是无法和1919年的那次相提并论。这次日全食造就爱丁顿和戴森，更成就了爱因斯坦。1916年爱因斯坦发表了他的广义相对论，他由此解释并且预言了一些天文现象。首先是水星近日点的进动。在广义相对论中水星的近日点（水星最靠近太阳的一点）会比在牛顿力学下每世纪多进动43角秒。这一现象早在广义相对论发表之前就已经被天文学家观测到了，因此并不能作为令人信服的检验。其次，爱因斯坦预言，当光掠过太阳时，由于太阳造成的时空弯曲会导致光线发生偏折。但这一预言只有在日全食的时候才能被检测。1919年以爱丁顿和戴森为首的英国皇家天文学会远征队对当年发生在非洲的日全食进行了观测，证实了爱因斯坦的预言。

其实这并不是故事的全部。早在 1914 年就有人想在俄罗斯境内发生日全食的时候来检验爱因斯坦的广义相对论，但是由于第一次世界大战的爆发而没有成功。巧的是，当时爱因斯坦的预言和后来的差了 2 倍。如果当时的日全食远征队成功地进行了观测，那么爱因斯坦后来修改过的计算结果也许就会被视为"补丁"而非原创性的工作。但不管怎样，爱因斯坦事后曾经被问及，如果他的预言被证明是错的，他会怎么想？他著名的回答是："我会为上帝感到抱歉：广义相对论是对的。"

总之，千百年来日全食伴随着人类一路走来，它能化干戈为玉帛，也能使人命丧黄泉。它能让人为它不远万里去寻求答案，也能颠覆人类的已有观念。不同的观众兴许会看到不同的日全食。

月　食

月食是一种特殊的天文现象，指当月球运行至地球的阴影部分时，在月球和地球之间的地区会因为太阳光被地球所遮蔽，就看到月球缺了一块。此时的太阳、地球、月球恰好（或几乎）在同一条直线上。月食可以分为月偏食、月全食和半影月食三种。月食只可能发生在农历每月十五前后。

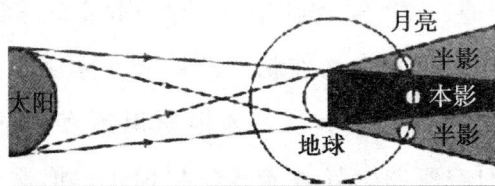

月食

一、初识月食

古时候，人们不懂得月食发生的科学道理，像害怕日食一样，对月食也心怀恐惧。外国有传说，16世纪初，哥伦布航海到了南美洲的牙买加，与当地的土著发生了冲突。哥伦布和他的水手被困在一个墙角，断粮断水，情况十分危急。懂点天文知识的哥伦布知道这天晚上要发生月全食，就向土著人大喊，"再不拿食物来，就不给你们月光！"到了晚上，哥伦布的话应验了，果然没有了月光。土著人见状诚惶诚恐，赶快和哥伦布化干戈为玉帛。

月食

月食可分为月偏食、月全食及半影月食三种。当月球只有部分进入地球的本影时，就会出现月偏食；而当地球的本影的直径仍相当于月球直径的2.5倍，地球和月球的中心大致在同一条直线上时，月球就会完全进入地球的本影，而产生月全食。月球上并不会出现月环食。因为，月球的体积比地球小，在地球的本影区内不会出现月环食这种现象。一般每年发生月食2次，最多发生3次，有时一次也不发生。因为在一般情况下，月球不是从地球本影的上方通过，就是在下方离去，很少穿过或部分通过地球本影，所以一般情况下就不会发生月食。据观测资料统计，每世纪半影月食、月偏食和月全食所发生的百分比平均分别约为36.60％、34.46％和28.94％。

二、月食过程

月食

1. 月全食过程

月全食的过程分为半影食始初亏、食既、食甚、生光、复圆、半影食终七个阶段。

(1) 半影食始:月球刚刚和半影区接触，这时月球表面光度略为减少，但肉眼较难觉察。

(2) 初亏:标志月食开始。月球由东缘慢慢进入地影，月球与地球本影第一次外切。

(3) 食既:月球进入地球本影，并与本影第一次内切。月球刚好全部进入地球本影内。

(4) 食甚:月圆面中心与地球本影中心最接近的瞬间，此时前后月球表面呈红铜色或暗红色。原因:太阳光经过地球大气层时发生折射，使光线向内侧偏折，但每种光的偏折程度不一样（色散），红光偏折程度最大，最接近地球阴影，映在月球上；此外，由于大气层的灰尘及云的含量与位置不同，光线偏折程度会有不同，因此月全食时的月球是暗红、红铜或橙色的。同样的道理，由于大气层的折射，朝阳与夕阳不是白色的，而根据高度因为大气折射程度不同，呈现橙色或红色。

（5）生光：月球在地球本影内移动，并与地球本影第二次内切。月球东边缘与地球本影东边缘相内切，这时全食阶段结束。

（6）复圆：月球逐渐离开地球本影，与地球本影第二次外切。月球的西边缘与地球本影东边缘相外切，这时月食全过程结束。

（7）半影食终：月球离开半影，整个月食过程正式完结。月偏食没有食既、生光过程，食甚也只表示最接近地球阴影的时刻。

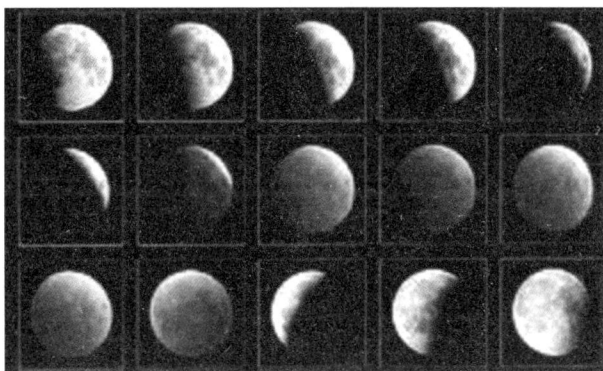

月食

2. 月偏食、半影月食的过程

月食程度的大小用食分来表示。食分等于食甚时月轮边缘深入地球本影最远距离与月球视直径之比。食甚时如月球恰和本影内切，食分等于1。食甚时如月球更深入本影，食分用大于1的数字表示。月全食的食分大于或等于1。偏食的食分都小于1。半影月食的食分用月球直径进入半影的部分与月球视直径之比来表示。半影月食的食分大于0.7时，肉眼才可以觉察到。

在月偏食时没有食既和生光，半影月食只有半影食始、食甚和半影食终。月球在半影内时，月面亮度减弱很少。只有当月球深入半影接近本影时，肉眼才可以看出月球边缘变暗。

月球在本影内时也不是完全看不见，即使在全食食甚时，也可以看到月面呈现红铜色。这是因为太阳光通过地球低层大气时受到折射进入本影，投射到月面上的缘故。

三、月食原理

在农历十五、十六，月球运行到和太阳相对的方向。这时如果地球和月球的中心大致在同一条直线上，月球就会进入地球的本影，而产生月全食。如果只有部分月球进入地球的本影，就产生月偏食。

月食都发生在望（满月），但不是每逢望都有月食，这和每逢朔不都出现日食是同样的道理。地球在背着太阳的方向会出现一条阴影，称为地影。地影分为本影和半影两部分。本影是指没有受到太阳光直射的地方，而半影则只受到部分太阳光直射的地方。月球在环绕地球运行过程中有时会进入地影，这就产生月食现象。当月球整个都进入本影时，就会发生月全食；但如果只是一部分进入本影时，则只会发生月偏食。月全食和月偏食都是本影月食。

在月全食时，月球并不是完全看不见的，这是由于太阳光在通过地球的稀薄大气层时受到折射进入本影，投射到月面上，令月面呈红铜色。由于月球经过本影的路径及当时地球的大气情况不定，因此光度不同的月全食会有所不同。

有时月球并不会进入本影而只进入半影，这就称为半影月食。在半影月食发生期间，月球将略为转暗，但它的边缘并不会被地球的影子所阻挡。

四、出现时间

月食一般都发生在望日，即农历每月的十五或十六日，这时地球运动至太阳和月球之间，但并不是每个望日都可能发生月食，因为黄道和白道之间有交角存在，所以只有在望月夜，可见到地球影到黄道和白道交点附近时，地球上的观测者才能观看到月食。

太阳的直径比地球的直径大得多，地球的影子可以分为本影和半影。地球的直径大约是月球的 4 倍，在月球轨道处，地球的本影的直径仍相当于月球的 2.5 倍。当月球始终只有部分为地球本影遮住时，就发生月偏食。而当月球全部进入地球本影时就可以看到月全食。如果月球进入半影区域，太阳的光也可以被遮掩掉一些，这种现象在天文上称为半影月食，但由于在半影区阳光仍十分强烈，多数情况下半影月食不容易用肉眼分辨，事实上半影月食是经常发生的。

揭开极光的面纱

太阳迟暮，悬在地平线的尽头，光线由明亮到霞红逐渐褪散开去，夜色开始慢慢潜入，在包围整个天空后向大地投下阴影。在远离城市的地方，黑暗开始统领整个天空和大地，月亮升起前，这里一片漆黑。也许在此时的城市里霓虹初上，路灯和车灯沿着大道蜿蜒成光亮的长河，伙同着依然营业的商店中柔美的光线展现出一大片人造的繁华。但在这里，除了风轻轻拂过树叶和草地的唰唰声，还能进入你脑海的就只有微弱的星光和抬头后巨大的夜空所带来的辽阔之感。

此时你身处北纬70°，无论是在哪个国家或地区，这样的纬度都让你更有机会和她近距离接触，而你现在所需要做的唯一的事情便是等待，等待一场盛大的演出。

闭上眼睛，默念一、二、三。张开眼，夜里的一切显得比刚才要清晰一点，只是天空中依然只有星光点点，慢慢注视，慢慢观察。渐渐地，天边开始浮现一点红色，这样的红色从远处山天相接的地方慢慢出现，像是落入清水的红墨水，颜色从内到外，由浓减淡，慢慢浸染这横亘的天空，红色的外层发出清晰的光，如丝带般轻轻将其内部晕染的色带缓缓包围，丝带随着律动的红光逐渐减淡，整个红光向着更高的天空飘动，如同柴火烧出的跳动的火焰，跃动而无法捕捉。红光向外延伸的颜色逐渐变成紫色，紫色的边缘又逐渐向着蓝色过渡，整个天空被繁复而有节律的色彩所填充，她的变幻让你无法揣测下一秒将出现何种的体态，也无法推知即将幻灭和更迭的色彩。你睁大眼睛注视，一秒也不想错过，而此时你所见所闻亦然不及其千万分之一的美。这就是极光，大自然造化的美与智的化身。

极光的出现在远古时代就引起了人类祖先的关注，种种关于她的传说和神话流传下来，对于她的美，人们总是无法停止追逐的脚步。

极光又叫作欧若拉（aurora），这是一种在行星高磁纬地区大气中产生的彩色发光现象。对于这种发光现象，人们曾有多种的猜测和解释，但是那多半与鬼神有关，直到后来本杰明·富兰克林提出：极光是浓稠的带电粒子和极区强烈的雪以及其他的湿气作用造成的。这才逐渐触及到极光本身的美，但他的理论也仅仅是涉及到了带电粒子的作用，关于极光更多更内在的美仍然需要进一步的探索。

要探索极光，首先要收集到尽可能多与极光相关的材料，她发生的时间、地点、大气条件、地磁环境和很多其他更细致的物理化学条件都有必要了解。

极光并非只发生在地球的南北两极，经历多年对极光的观测后，人们发现极光一般出现在地磁纬度 $60°\sim75°$ 的高纬度范围内，这个区域通常又叫作极光区。而在此之后纬度越向赤道附近偏移，发生极光的可能性就越低。除了一些极端的情景下，中低纬度地区一般没有极光出现。极光下边界的高度离地面距离不到 100 千米，极大发光处的高度离地面约 110 千米左右，正常的最高边界则要再高出 200 千米左右，在极端情况下也可达 1000 千米以上。

极光的出现在时间上也并不像气候的变化那样有规律的四季更替，比如在加拿大的丘吉尔城，一年能有 300 多个夜晚见到极光，而在美国佛罗里达州，一年平均只能见到 4 次左右。在我国的漠河地区也能观看到极光，只是唯有在每年夏至前后 9 天左右的时间里容易看到，其余时间则很难有机会一窥其面目。

变化莫测的极光总是以其独特的方式吸引了众人的目光，由此对极光本质的探索也随着时间的推移继续向前，现代人用更先进的仪器和方式继续探索这由来已久的欧若拉。

目前主流的观点都偏向于极光是由于太阳周期性的磁暴所产生的带电粒子流轰击地表磁层而引起的磁层中原子的电子发生跃迁而产生的光，这种光因带电粒子流轰击了不同的原子而产生不同的光谱，因而发出不同的光。基于洛伦兹力的模型能够很好地解释为什么极光常

发生在高纬度地区，也能够解释极光的色彩的变幻多姿。但是在现代观测的实例中我们发现，极光产生的时间和带电粒子流到达地球所需的时间并不完全吻合。我们知道光拥有最快的速度，它从太阳出发到达地球也需要 8 分 20 秒时间。理论上也可以计算出带电粒子流长途跋涉抵达地球后造成影响的时间。然而，来自 NASA 实际观察的结果发现，在太阳发生磁暴后，地球上的极光现象有明显响应的时间，这明显短于预期值。

这让科学家们大为疑惑，有人认为是测试的方式出现了误差，需要调整方案继续再战，也有人认为真正引起极光的产生是另有它因，在不同的它因解释中"亚暴学说"则尤为引人注目。

"亚暴学说"更注重地球自身磁场调节对极光的形成所起的决定作用。它较为正式的名字为"磁重联理论"，其认为在距离地球约128000千米的地方，也就是由地球往月球 1/3 路程处，可能因磁场能量的变化而发生亚暴。那里的地球磁层两个磁场的磁力线由于贮存太阳风能量而相互靠近。当两者之间达到一个临界值时，磁力线便重新排布，导致磁能转化为动能和热能。能量释放促使极光瞬间变得明亮斑斓。此理论相关的一些文章曾在自然科学的顶级期刊《自然》杂志的子刊中有所报道，而且这样对极光解释的新理论也引起了许多科学家极大的重视。这不仅开拓了人们对极光认识的眼界，也让更多的人了解到地磁本身对极光的重要性。

虽然随着技术的进步我们对极光的形成有了进一步的认识，但是这远没有触及到声名远扬的欧若拉最本质的美。若只把欧若拉当作简单的自然现象，那么她将无异于下雨或是吹风一般平凡，但是当我们身在漆黑的旷野上抬头仰望她在天幕中所呈现的姿态时，我们又不禁把她与世间最美的水彩画相比，把她与世间最靓的丝绸相比，把她与天马行空的思绪相比，也把她与生命的律动相比。

她的存在是大自然美与智的体现，也是大自然性格的体现，当不同的人面对她时，她所能给出的启示也都不尽相同。揭开她的面纱需要一个过程，这个过程对科学的启迪和对自然之美的认知都远比揭开她面纱后的结果重要。而这正如生存的意义，体验和感悟远比一种既定的状态要来得更加真切和动人。

陨石坑传奇

一、沙漠中的坑穴

在美国西部亚利桑那州科尼诺县的沙漠地带，有一个硕大无比的坑穴，坑的直径达 1200 米、深 180 米，周围有一个 30～40 米高的泥边缘。整个坑穴呈现圆形，看起来仿佛像月球上的小环形山一般。现在一般人认为，这个巨大的坑穴是宇宙来客造成的。美国陨石学会正式把它命名为"巴林杰陨石坑"。

造成这个坑穴的确切年代已经难以确定，但可以肯定地说它出现在非常遥远的过去。附近的印第安土著人从有文字记载以来，就知道它的存在了。

巴林杰陨石坑

人类第一次发现这个坑穴是在 1871 年，当时把它看作是死火山而未加注意。1886 年一个叫阿米霍的牧羊人在坑穴以西 3 千米的地方，捡到了几块铁片，他误认为是银子而喜出望外。不久一位居住在费拉得尔斐亚市的矿物标本商福特知道了这一消息，于是，他迅速赶到陨石坑附近，搜集铁片。他把搜集到的样品送到宾夕法尼亚大学化验，分析的结果表明，这些铁片中含有珍贵的金刚石。此后，福特又到陨石坑附近精心调查，在坑穴的边缘和中央，都没有发现熔岩和黑耀石等火山性生成物。

如此奇妙的铁片是从哪儿来的呢？如此巨大的坑穴又是怎样形成的呢？这些疑问引起了美国地质学界的浓厚兴趣。

1891年美国地质学会主席、地质调查所主任调查官格布尔·基尔巴特，奔赴现场亲自考察。他是一位月球环形山的陨石成因说的倡导者，对于亚利桑那州的沙漠坑穴，自然也认为可能是陨石降落造成的。他推算，这块陨石的直径至少也有170米。遗憾的是查遍了整个坑穴，居然连一块陨石也没有找到。据此，他认为坑穴是地壳中的蒸汽或其他气体喷发造成的，周围发现陨铁只是偶然的现象。由于他是一位权威学者，所以他的判断支配了整个科学界。

二、巴林杰的美梦

1902年，也就是基尔巴特的火山说诞生后的10年，费拉得尔斐亚市的采矿工程师丹尼尔·巴林杰，独立地研究了这个问题。他坚持认为，这个坑穴是陨石碰撞造成的。他说："坑穴的周围没有从地下喷出的蒸汽或其他气体。那种认为在沙漠中会有火山活动的看法，是非常可笑的。"

他在坑穴的紧外侧挖掘，结果他找到了含镍7%的陨铁碎片，巴林杰推测，这个宇宙的飞来物是直径400米、重数万吨的大陨铁，它深深地埋藏在坑穴的底部，如果把这个庞然大物挖掘出来，那将是一笔巨大的财富。

为此，巴林杰倾其全部财产，买下了谁都认为毫无价值的坑穴和周围的土地，并创立了以他的名字命名的"巴林杰陨石开发公司"。他把自己的毕生精力和整个生涯，都花费在开掘这块来自于宇宙的陨铁上。

如果这个坑穴是陨石造成的，那么陨石应该埋藏在哪里呢？这当然是巴林杰首先要思考的问题。为了找到答案，他在坑穴中央挖了28个坑。他想，坑穴是圆形的，理所当然陨石应该是以垂直或近于垂直的角度落下。但是，试钻的结果，在各式各样的岩石中没有发现陨石。到1909年11月，巴林杰陨石开发公司已经挖掘了大量坑穴，掘进深度已达300米，但依然一无所获。巴林杰苦恼着，思考着……

有一天巴林杰为了消除疲劳，解除苦闷，他拿着莱福枪走出了工作棚，他心情烦躁地向泥土中打了一枪。他定眼一看，在泥土中形成了一个小小的"环形山"，子弹倾斜地射入土中也能形成小坑，这使他联想到"也许形成沙漠坑穴的陨石不是垂直下落的，而是像莱福枪射出去的子弹那样，倾斜飞入的"。

1919年巴林杰在坑穴的边缘开掘了，他判断陨石是从北向南以45°角下落的，所以陨石应该是埋藏在南部边缘。

不出所料，在330米的深度真的遇到了大量陨石碎片，巴林杰心情愉快，以为大有希望了。但在这以后开掘工作难以进行，每前进30厘米就要花去5个小时，60厘米就要用十几个小时！1922年8月，掘进到460米深度时，钻头无论如何也钻不进去了，无可奈何只得停止工作。从这里找到的金属含镍75%。

巴林杰锐气未减，因为不管怎么说，总算取得了一些成果，于是他在坑穴的西部边缘另选地点，重新开掘。这一次很快遇到了地下水，用水泵排水，费用太大，不到几年的工夫，公司的债务达50万美元之多。1925年，巴林杰陨石开发公司终于破产了。1929年，巴林杰功业未成就，在费拉得斐亚市的自己住宅中悄悄地离开了人间，终年69岁。

巴林杰为开发陨石奋斗终生，虽然他没有获得成功，但值得欣慰的是，世人对这个巨大坑穴的看法终于有所改变。基尔巴特的火山说销声匿迹了，人们普遍认识到，造成这个坑穴的原因不是在地下，而是在天上，这就是说，陨石说确立了。为了表彰巴林杰的功绩，人们把这个沙漠坑穴称为"巴林杰陨石坑"。

三、举世无双的观光胜地

巴林杰死后，他的3个儿子决心继承父亲的遗志，继续向亚利桑那陨石坑挑战。他们总结经验，吸取父亲失败的教训，摒弃了盲目挖坑的办法，首先用各种探测器，进行物理探察。结果发现坑穴西南部边缘内侧异常，那里有磁力，而且磁力非常之大，这说明那里埋藏着巨大的磁体。看来，巴林杰一生梦寐以求的大陨铁就要找到了。

巴林杰兄弟以这块陨铁为目标，从两个地方开始挖掘。但不久就遇到了极为坚硬的岩石，他们使用比父亲所在时代更先进的工具，却依然进展缓慢，每前进10毫米就得花费10小时，这真是一场恶战苦斗啊！当挖到225米的深度时，不得不"鸣金收兵"，因为钻头再也钻不进去了。

显然，迷人的大陨铁就埋藏在这里，至少有10万吨重，也可能有几百万吨。由于含有镍，所以每吨大约价值100美元，只可惜不能将它挖掘出来，退一步说，即使开掘的坑穴到达它的底部，要想把它弄出来，只怕比登天还难哩！

巴林杰兄弟穷途末路了。父子两代所从事的艰难事业，把资金耗费殆尽，并且背上了巨额债务，经济上几乎陷入了绝境。俗话说得好"天无绝人之路"，就在这时，他们忽然捕捉到一个绝妙的新奇设想：大陨铁的开发是不可能了，但把这个陨石坑作为稀奇物，介绍给成千上万的游客们，不是也可以大有收入吗？这个巨大的陨石坑，在地球上也是独一无二的，如果好好地宣传一下，一定能吸引大批游客。

于是，他们把"巴林杰陨石开发公司"改名为"巴林杰陨石坑观光公司"而重新开业。就这样，在亚利桑那大沙漠一个举世无双的观光胜地诞生了，巴林杰兄弟果然绝路逢生，开辟了新的生财之道。

当时使用过的钻头、蒸汽引擎和导管，仍然陈列在现场供游客们观赏回味。看到这些遗物，巴林杰那执拗追求的一生似乎又历历在目了。

在陨石坑边缘的最高点上，设有瞭望台，上面装着一架可以旋转360°的望远镜，通过望远镜雄壮的亚利桑那沙漠风光便可一览无余。即使站在那里观赏几十分钟，仍会留有余兴。

巴林杰陨石坑真是自然界的一大奇迹，令人百看不厌，流连忘返。

四、再谈巴林杰陨石坑

前面说过，巴林杰陨石坑形成的确切年代已经难以知道。但是，用科学的考察手段，还是可以大致确定出它的"年龄"。

在当地印第安人中间流传着这样一个传说:在太古时代有位神仙化作火柱，从天而降。这是关于这个沙漠坑穴由来的第一个说法。虽然把它神化了，但是作为考察巴林杰陨石坑的形成年代是有参考价值的。

自从发现这个坑穴之后，对于它的考察工作一直没有停止过。有人根据生长在坑穴边缘的树木年轮，推断这个坑穴至少在700年以前形成，这个上溯的年代显然是太年轻了。

第二次世界大战之后，美国新墨西哥大学陨石研究所，对陨石坑作了再次考察，从坑穴的斜面上发现了居民废墟，同时还找到了大批文物，从这些出土文物判断，这些废墟是11世纪的遗物。

当然，早在20世纪30年代，美国学者布拉克维尔达根据岩石风化的理论，认为这个坑穴的年龄是在40000～75000年之间。

1961年布德皮尤提出22500年的说法。1962年休梅卡根据从坑穴中得到的物质的碳-14检验，得出22000年的结论，目前科学界一般比较赞成这个结论。

对于陨石爆炸的方式，科学家们也作了探讨。爱尔兰天文学家爱皮克反复作了多次人工爆炸实验，结果他满怀信心地说："一个直径 80 米、重 200 万吨的铁块，以 20 千米/秒的速度落下来，造成了亚利桑那陨石坑。"

对于陨铁的重量，也有的学者认为是 10 万吨或 20 万吨。不论怎么说，这都是一次不亚于通古斯事件的大爆炸。

由此不难想象出一幅惊天动地的奇异情景，巨大的陨铁呼啸而来，与地球大气猛烈摩擦，产生几千度的高温，发出犹如太阳般的光芒。火球自北向南划破天空，以 45° 的角度坠落地面，随着轰隆巨响产生大爆炸，大地剧烈抖动，蘑菇云腾空而起，陨铁片四下飞溅到 10 千米左右的范围，形成一场罕见的"铁雨"。

刚才说过，有人认为陨铁的重量有 200 万吨，但是到目前为止，从坑穴周围搜集到的陨铁碎片全部加起来充其量不过 30 吨。30 吨与 200 万吨相比，实在是太悬殊了。那么，大部分陨铁跑到哪里去了呢？巴林杰认为它们深深地埋藏在坑穴的底部。但是，现在科学家们的普遍看法是：由于爆炸时所产生的高温，大部分陨铁都被蒸发掉了。这就是说，巴林杰兄弟所探察的陨石坑底部，并不是那块巨大的陨铁。

分析这块大陨铁的历史，也是饶有兴趣的。对从坑穴周围找到的陨铁碎片，进行放射性测定，结果测得了陨铁的三种年龄：54000 万年、17000 万年和 1500 万年。对这差异很大的三个年龄应作何种解释呢？大致可以这样来描述这块大陨铁的来历：54000 万年以前，一次小行星碰撞使巴林杰陨石脱离母体而分道扬镳，当时它是一块很大的陨铁，此后 17000 万年前和 1500 万年前，它又第二次、第三次与小天体碰撞，个头逐渐变小，在距今 22000 年前，这块陨铁来到了我们地球附近，在地球强大引力作用下，被迫坠落在亚利桑那沙漠，造成了这个举世闻名的坑穴。

五、世界大陨石坑掠影

巴林杰陨石坑研究的进展，激起了各国学者，专家们的热情和遐想。此后又发现并研究了一系列陨石坑。这些活动大大加深了人们对陨石和环形山的认识。

1921年在美国得克萨斯州敖德萨市附近发现了陨铁，此后在这个地区找到了像火山口那样的地形，火山口直径为162米，边缘壁到坑穴底部的深度是6米，而到外部荒原的高度仅有0.5～1米。边缘壁的坡度非常陡峭，竟达30°。坑内充满了石灰岩和沙石碎片，其中有很多陨铁碎片。

在得克萨斯州的伯莱翰附近，早在1885年就在数平方千米的面积上收集到大约1吨陨铁。然而直到1933年才在这个地方发现有长圆形的（17×11米）、深3米的坑穴，坑穴内发现了为数不少重25公斤的陨铁和数百片局部氧化了的铁片。

在南美的阿根廷，有叫甘博—德尔—射罗的地方，从1576年起就知道有一群圆形的坑穴，其中最大的直径大约为70米，边缘壁高1米，在它们附近，发现了1吨以上的陨石物质。

在爱塞尔岛上，有6个坑穴，知道这些洞穴已有100多年的历史，但直到20世纪30年代以后才对这些坑穴进行了科学研究。其中最大的一个已经变成湖泊，它的大小是110×90米，边缘壁比周围高出6米。1937年在这个区域附近，找到28片、重110克的陨铁碎片。

在西德的东南部有个叫里斯盆地的地方，有一个直径27千米的坑穴，最近也有人认为它是陨石坠落造成的。

在沙特阿拉伯的卫拜沙漠中，分布着一群洞穴。当地人传说，由于居民的罪孽，天火把卫拜古城焚烧掉了。这些洞穴就是寻找古城的遗迹时发现的，这座古城的城垣原来就是陨石坑的壁。在洞穴旁边发现了一些陨铁，其中最大的重 11 千克。

澳大利亚是世界上保存陨石坑最多的国家之一，现在已经知道的有 5 个。其中最著名的是沃尔夫·克里克陨石坑，直径达 800 米。其次是于 1931 年发现的亨伯里陨石坑，这实际上是相当大的陨石坑群，大小共计 13 个，分布在 1.25 平方千米的范围内，其中最大的坑穴是卵形的，长径 200 米、短径 110 米、深度为 5 米。在这个区域里捡到 2000 多块、重数吨的陨铁。1923 年在达尔加兰日附近，发现了直径为 70 米、深 5 米的坑穴，在它周围发现了奇异的弯曲了的陨铁片。

1946 年在加拿大发现了一个大陨石坑，称为恰布陨石坑，它的直径大约为 3.5 千米，深度 500 余米。

1976 年 8 月，在澳大利亚悉尼召开的国际地质学会会议上，美国地质学家威伊波卜特博士发表了惊人的见解："在南极大陆的极点附近，有一个直径 240 千米、深 800 米的可与月面环形山相匹敌的陨石坑。"由于这个坑穴完全被 1.6 千米厚的冰层覆盖着，所以只能用间接的办法考察，但是威伊波卜特博士认为这是世界上最大的陨石坑。证据是确凿的，因为用人工地震和引力计测量的方法所得到的数据，都证明了这一点。根据博士的计算，这个陨石坑是 60 万～70 万年前一个直径 60 千米、重 130 亿吨的大陨石，以 74000 千米/秒的速度撞击地面造成的。他认为这一事件甚至对地球的自转速度和地轴的方向都产生了影响，卷起的尘埃遮住了太阳光，引起了气候的异常。

总体来说，目前地球上确认的陨石坑有 52 个（不包括南极陨石坑），其中美国 14 个；加拿大 14 个；南美洲 2 个；欧洲 7 个；非洲和亚洲 10 个；澳大利亚 5 个。在我国至今还没有发现陨石坑，是不是没有呢？我们只能拭目以待！

令帝王们心颤的流星

几乎每天晚上，世界各地的人们都可以看到天空中一道道弧形的光一扫而过，转瞬即逝，这就是流星。

在我国古代的传说中，有许多关于流星的神话。最普遍的是说每个人都有相应的一颗星，哪一个人死了，他那颗相应的星就会落到地上来。从前的那些封建帝王，为了维持自己的统治，担心自己的健康和死亡，专门养了几个星官，观看天象，给自己预报吉凶。

这当然是毫无科学根据的一种迷信说法。因为不论有多少流星落下，天上星星的数目还是那么多。

更主要的是，科学证明流星根本就不是"星"，而是闯入大气层的一种行星际物质在大气层中摩擦时发光的现象。

在地球附近的宇宙空间，除了其他行星外，还有各种行星际物质。这些行星际物质，小的如微尘，大的似座山。在空间它们按照自己的速度和轨道运行着，所以又被称作流星体。流星体自身是不发光的。质量小的流星体闯入大气层后，和大气里的分子相撞，使空气迅速增温（能高达几千度甚至几万度）、电离和发光，自身也燃烧汽化，我们看到的流星的弧形光，就是流星体在运动过程中逐渐燃烧形成的。质量较大的流星体，进入地球大气后，除了燃烧发光外，还伴有轰鸣声，所以又称"火流星"。那些质量较大，在大气中来不及烧完的天体，就坠入地面，成了陨石。

陨石有石陨石、铁陨石和石铁陨石。我国是记载陨石最早的国家。在我国史料上有关陨石的记载至少有350多起。而在公元前3000年左右，陨石就已被人们使用了。如穆罕默德的诞生地、穆斯林朝拜的圣地、沙特阿拉伯的都市——麦加供奉着一块神圣黑石，就是一块陨石，因为它是由天而降，才被人们看作圣物供奉起来。在《荷马史诗》中的《伊利亚特》也提过一块粗糙的铁石，它曾在一次竞技会上作为奖品，这块铁块也是一块陨石，因为当时是青铜时代，铁矿冶炼还没发展起来，铁自然成为贵重的金属。

还有一些流星飞进大气层燃烧发光，但由于速度太快，竟然能再飞出大气层扬长而去。

坠入地球大气的流星总数有多少呢？说出来会吓你一跳：每天有2万多颗重量至少是1克的流星，有将近2亿颗大到足以发出人眼可以看到的光的流星，此外还有几十亿颗更小的流星。

这些流星有的是单枪匹马闯入地球大气层，有的却是成群结队攻入进来，多的时候竟像下雨一样，所以人们称其为"流星雨"。

流星雨

一、神奇的狮子座流星雨

1833年11月12日，从深夜到黎明，美国东部居民看到一场空前的流星雨。在长达7小时的时间里，从天空的一角一下子涌现出大量流星，布满天空，就如暴雨似地降了下来。有人报告说："从清晨5点45分到6点这15分钟的时间里，在地平线附近，仅仅占全天1/13的天区内，计数到650颗流星"。如果按照这位报告人所说的情况推算，15分钟内全天将落下8600多颗流星，1小时达到34500颗，持续7个小时就是240000颗啊！

海尔大学教授奥姆斯特德这样形容这场流星雨："无数的流星流向四面八方，几乎没有空隙。有的比金星还亮，有的比月球还大，宛如大片的雪花，纷纷飘落，每一个雪片就是一颗亮晶晶的流星。"

在佐治亚州有一个农场，几百名黑人看到这奇异的景象，他们恐惧地喊道："天空起火了！"并且都紧紧地匍匐在地面上。教堂里的钟声

响了，信徒们认为是世界末日来临，纷纷到教堂作祷告。

有的目击者仔细观察了流星的运动，他们发现：流星不是杂乱无章地飘落，而是从狮子座的一点辐射出来，这一点固定不变，仅仅随着天球的周日运动而移动。这是 19 世纪最重要的天文发现之一，因为这是现代流星天文学的起点。

由于这一流星雨是从狮子座辐射出来的，所以称为"狮子座流星雨"，又叫"狮子座流星群"。

关于狮子座流星雨的另一次有科学价值的记录，保存在德国地理学家、探险家洪保德的日记里。1799 年 11 月 11 日夜晚，洪保德在南美委内瑞拉北海岸的库马纳目击到一次狮子座流星雨。他在日记中这样写道："2 点 30 分流星最为活跃。明亮的流星从东北流过，最大的看上去比月球的直径还大。流星的痕迹持续 7～8 秒钟，中间有像木星那样大小的核，散发着鲜明的火花，四下飞舞，成千上万的流星和火球持续降落了 4 小时之久。"

其实，狮子座流星雨远不止这两次。美国天文学家、海尔大学教授 H. A. 牛顿于 1864 年证明，历史学家们记载的公元 902、931、934、1002、1101、1202、1366、1533、1602 以及 1698 年 10 次明亮的流星雨都属于这一群。最早的狮子座流星雨的记录是西班牙人作的。他们记载公元 902 年 10 月，西班牙国王临死的一瞬间，无数的星星在天空流动，犹如下雨般地降下来。我国最早的狮子座流星雨记录是在公元 931 年，据《新五代史》记载，五代后唐长兴二年"九月丙戌，众星交流；丁亥，众星交流而陨"。

牛顿认为这个流星群以 33 年的周期重复出现，他预言下一次出现的时间是 1866 年。果然 1866 年又有一次大的流星雨，虽然不如前两次壮观，可是在 1 小时内有人计数了 6000 余颗流星。于是人们期待着 1899 年可能再有一次大的流星雨。但是，根据天文学家道宁和斯托文的计算，由于受到木星和土星以及天王星三大行星的摄动影响，这个流星群的主要部分离开地球 300 万千米，这样 1899 年的那次流星雨便不会显著地出现了。事实果然如此，1899 年那次，1 小时只看到了一颗流星，稀少到如此程度，人们不能再观览宇宙的这种奇特天象，真是一大憾事。1932 年、1965 年的情况也是同样。于是天文学家们只好转移视线，去注意观测其他流星群的情景。

但是，1966 年 11 月 17 日早晨，在美国西部上空，大流星雨又重新出现。在亚利桑那州的上空，无以数计的流星像白烟似地漂流着，有报告说，从清晨 5 点钟之后的 20 分钟内，每分钟竟计数到 2300 颗，真是盛况空前啊！美国天文界人士十分兴奋，谁能想到沉寂多年的狮子座流星雨又重新出现了呢！对此情此景议论纷纷，但重新出现的真正原因并没有弄清楚。显然，这与流星群运行轨道上的粒子分布情况有关系。

二、20 世纪最有代表性的流星雨

20 世纪最有代表性的流星雨，当推贾科比尼流星雨。它在 20 世纪的80多年中已经被观测到 4 次，即 1926 年、1933 年、1946 年和 1952 年。有的科学家指出，古代记录中的公元 585 年、859 年、1385 年、1841 年和 1847 年的流星雨可能就属于这个流星群，我国没有这方面的古代记录。

说起这个流星群的名字，显然与贾科比尼—津纳彗星有关。这颗彗星是法国尼斯天文台的贾科比尼于 1900 年 12 月 20 日发现的，曾被连续观测达 8 周之久，后来一度消失，1913 年 12 月 23 日又再次被天文学家津纳捕获，因而取名为贾科比尼—津纳彗星。

1926 年 10 月 9 日夜晚，英国流星观测之王梯尼和金两氏观测到一场流星雨，辐射点在天龙座 ξ 星附近。后来克隆米林和伊达德逊计算出这个流星群的运行轨道与贾科比尼—津纳彗星的运行轨道一致。

真正的贾科比尼大流星雨出现于 1933 年 10 月 9 日，那一天夜晚，英国、法国、德国、俄国、波兰和西班牙等欧洲各国都看到了一场惊人的流星雨，最盛的时候每分钟可以计数到几百颗，来自爱尔兰和西班牙的报告说，每分钟可计数到 1000 颗以上。这场流星雨持续了 3 个小时，是进入 20 世纪以来最大的流星雨，因而不能不引起全世界人们的注目，但在美洲和亚洲没有看到这场空前盛况的流星雨。

1946 年 10 月 9 日，贾科比尼流星雨再次出现，这次的"舞台"移到了北美。尽管当时满月当头，天空背景很亮，但每秒钟仍能计数到 1 颗流星，有报告说，1 小时降了 50 万颗。美国的流星爱好者们抓住这个大好时机，进行了肉眼、照相、雷达等各种手段的观测，硕果累累、喜不胜收。

1952 年的流星雨仅用雷达观测到，肉眼几乎看不见。此后流星雨竟全然不见了。人们相信，流星群的运行轨道是受了木星的影响而发生了偏离。天文学家推算贾科比尼流星雨会在 1972 年 10 月 9 日清晨再次接近地球，那时可以看到一场可观的美丽的流星雨现象。这一报道在日本引起了轰动，许多天文爱好者做了大量准备工作，届时通宵不眠、仰望天空，为了便于观测，有的市镇连探照灯和霓虹灯都灭掉了。遗憾的是，贾科比尼流星雨并没有出现。

　　流星雨的预报要比日月食的预报困难得多，这是因为流星物质的分布状况十分复杂，即使利用电子计算机计算，也难免不出差错。

狮子座流星雨

第四章 人类与天文学

天文学概述

天文和气象不同，它的研究对象是地球大气层外各类天体的性质和天体上发生的各种现象——天象，而气象研究的对象是地球大气层内发生的各种现象——气象。

天文学所研究的对象涉及宇宙空间的各种物体，大到月球、太阳、行星、恒星、银河系、河外星系以至整个宇宙，小到小行星、流星体以至分布在广袤宇宙空间中的大大小小的尘埃粒子。天文学家把所有这些物体统称为天体。地球也是天体中的一员，不过天文学只研究地球的总体性质而一般不讨论它的细节。另外，人造卫星、宇宙飞船、空间站等人造飞行器的运动性质也属于天文学的研究范围，可以称之为人造天体。

宇宙中的天体由近及远可分为几个层次。（1）太阳系天体：包括太阳、行星（包括地球）、行星的卫星（包括月球）、小行星、彗星、流星体及行星际介质等。（2）银河系中的各类恒星和恒星集团：包括变星、双星、聚星、星团、星云和星际介质。（3）河外星系，简称星系，指位于我们银河系之外、与我们银河系相似的庞大的恒星系统，以及由星系组成的更大的天体集团，如双星系、多重星系、星系团、超星系团等。此外还有分布在星系与星系之间的星系际介质。

天文学还从总体上探索目前我们所观测到的整个宇宙的起源、结构、演化和未来的结局，这是天文学的一门分支学科——宇宙学的研究内容。天文学按照研究的内容还可分为天体测量学、天体力学和天体物理学三门分支学科。

天文学始终是哲学的先导，它总是站在人们争论的最前列。作为一门基础研究学科，天文学在不少方面是同人类社会密切相关的。时间、昼夜交替、四季变化的严格规律都须由天文学的方法来确定。人类已进入空间时代，天文学为各类空间探测的成功进行发挥着不可替代的作用。天文学也在人类和地球的防灾、减灾方面有重要的作用。天文学家也将密切关注灾难性天文事件——如彗星与地球可能发生的相撞及时做出预防，并提出相应的对策。

人类对天的认识不断深入

从 15世纪开始，欧洲社会发生了文艺复兴运动。在这个伟大的思想文化革新潮流中，诞生了许多优秀的科学家、艺术家，著名的波兰科学家哥白尼（1473—1543）就是其中之一。哥白尼先在意大利的一个学术中心帕多瓦学习古希腊的天文学，后在自己建的小天文台上观测天体达30年之久。他于晚年写出天文学巨著《天体运行论》，该书在他临终前（1543年7月26日）出版。

《天体运行论》是一部划时代的不朽著作。书中提出的日心地动说，是人类宇宙观的一次大革命。恩格斯指出，由于这本书的出版，"从此自然科学便开始从神学中解放出来……科学的发展从此便大踏步地前进"。

由于受当时观测技术水平的限制，哥白尼保留了托勒密的行星绕日旋转的轨道为圆形的观点，而这是欠妥的。行星绕日轨道实为接近圆的椭圆形，太阳处在椭圆的一个焦点上。

揭示行星运动这个规律的是德国天文学家开普勒（1571—1630）。他依据老师第谷·布拉赫（1546—1601）20 余年的行星观测资料和自己的观测、计算，于 1609 年发现了行星运动的第一与第二定律。又经过 10 年的研究，他建立了自己的第三定律。由于发现了行星运动三个法则，开普勒被后人称为"天空的立法家"。

开普勒的行星运动三大定律为：

第一定律：行星绕日运动的轨道为椭圆形，太阳在椭圆的一个焦点上。

第二定律：行星与太阳的向径在相等的时间内扫过的面积相等。因此行星公转速度不均匀。近日时快些，远日时慢些。

第三定律：行星公转周期的平方和它的轨道半长径的立方成正比。

开普勒是一位伟大的科学家，他为人类做出的贡献是多方面的。不幸的是他的一生却是在极为贫困与潦倒中度过的。1630 年，他在长途跋涉去索取皇家的欠薪途中不幸病亡。在天文事业上同他一样艰苦奋斗、奉献终身的还有不少人，他们为科学献身的高尚精神，永远值得后人敬慕和学习。

行星为什么会绕太阳运行呢？开普勒曾经想到这一问题，可能是太阳有一种拉力在作用的结果，但未导出力学公式。这个问题由英国伟大的科学家依萨克·牛顿（1642—1729）于 1687 年做出了完满的解答。

牛顿依据开普勒行星运动三定律，以及惠更斯（1629—1695）、伽利略（1564—1642）等科学家的力学定律，推导出万有引力定律。

这个定律就是："万物彼此之间相互吸引，引力的大小与其物质的质量成正比，与它们之间的距离的平方成反比。"

这个定律发表在牛顿的《自然哲学的数学原理》（1687年出版）这部巨著中。

对于两个天体（设其质量为 m_1 与 m_2），其间距离为 r，则万有引力（F）的数学表达式为：

$F = Gm_1 \cdot m_2 / r^2$

式中 G 为万有引力常数，观测值为 6.6720。

现在利用太阳与行星间的万有引力定律，也可以推导出行星运动的三大定律。不仅如此，万有引力计算出的轨道形式，除椭圆外，还有抛物线与双曲线。在已发现的几百颗彗星中，轨道为抛物线与双曲线的彗星约占总数的 2/3。

万有引力定律的发现，奠定了天体力学的基础。各类天体运动的动力就是万有引力。

现在我们知道，在宇宙间存在 4 种力，即万有引力、电磁力、原子核内的强相互作用力与弱相互作用力。后 3 种力都不如万有引力大。但是，对于万有引力本身的研究，仍是当前物理学的重大任务之一。

从哥白尼到牛顿的这 150 年间，天文学及物理学都有很大的发展。其中最值得注意的是，意大利科学家伽利略于 1609 年应用望远镜看到了金星有圆缺变化，看到木星有 4 颗大卫星在绕转，从而用观测事实证明了哥白尼日心体系的正确性，使哥白尼学说得以深入人心、广为传播。伽利略还看到天上的银河（天河），是由无数的恒星密集而成的，从而使人们的视界扩展到遥远的恒星世界。

测算宇宙年龄的方法

想 要测算宇宙的年龄，目前有三种方法。

第一种方法是逆推算宇宙膨胀的过程，根据宇宙的膨胀速度（即哈勃系数和减速因子），计算从密度达到极限的宇宙初期到扩展为如今这种程度究竟需要多少时间，即为宇宙年龄。

第二种方法是根据恒星演化的情况求恒星的年龄。通过理论推导恒星内部的核聚变反应，就可以知道恒星这个天然的原子反应堆的结构和它的发热率是怎样随时间变化的。将观测和理论相核对，就可计算出恒星和星团的年龄。再由最古老的恒星年龄推算出宇宙年龄。

第三种方法是同位素年代法。这种方法已广泛运用于测定月岩和陨石的年代。这是利用放射性同位素发生的自然衰变，由衰变减少的情况推测母体同位素的生成年龄。放射性同位素只有在特别激烈的环境中才能生成，所以一旦被禁闭在岩石中就只有衰变了。测定母体同位素与子体同位素之间的量比，测定具有两种以上不同衰变率的同位素的量比，就可以决定年代，由此可以推算宇宙的年龄。

迄今推算出的宇宙年龄为 120 亿年、150 亿年、180 亿年、200 亿年不等。宇宙究竟有多大岁数，至今仍旧是个谜。

飞天必须要闯过的三关

现 实生活中，人们说一件事根本不可能办到，常会说："比登天还难！"唐代大诗人李白，在面对举步维艰的蜀道，也发出了"蜀道难，难于上青天"的感叹。可是，随着现代科学技术的飞速发展，人类借助火箭、航天飞机等方式已经实现了登天的梦想。火箭是怎样上天的呢？人造飞行器又如何飞出太阳系呢？原来，火箭要冲出地球，飞向宇宙，必须先闯过三道大关。

1. 第一关

我们把一个苹果抛向天空，地心引力又使它降回到地面。要使苹果不落地，就要摆脱地心引力。300多年前，牛顿从理论计算得出：当速度达到每秒7.91千米时，苹果就可以上天了，并成为绕地球运转的一个卫星，这就是通往宇宙的第一关，而每秒7.91千米的速度，又被人们称为第一宇宙速度。

2. 第二关

如果物理的运动速度继续增大到每秒11.2千米时，那么这个物体就不再绕地球转圈了，它会摆脱地心引力而沿着抛物线方向飞出地球。这是通往宇宙的第二道大门，也就是第二宇宙速度。

3. 第三关

如果物体运动速度达到每秒16.7千米时，该物体就能摆脱太阳系的引力场，沿着双曲线轨道飞出太阳系，真正开始宇宙飞行，这是通往宇宙的第三关，也就是第三宇宙速度。

火箭只有达到或超过这三种速度，才能实现通往"九天"的理想。

1957年10月4日，人类发射了第一颗由苏联制造的人造地球卫星，送这颗卫星上天的三级火箭时速达28400千米，即每秒7.91千米的第一宇宙速度，使人造卫星终于成了牛顿幻想中的"苹果"。1961年4月12日，第一艘载人飞船发射成功，苏联宇航员加加林首次遨游太空，实现了人类登天的梦想。1969年7月20日，美国"阿波罗11号"登月飞船首次把人类送进了月球，从此敲开了宇宙天体的大门。1981年4月21日，美国"哥伦比亚"号航天飞船首飞成功，标志着人类征服宇宙技术的重大突破。

时代在发展，科技在进步，人类叩响宇宙大门的飞天探索也不会停止。

天文学的历史

天文学的起源可以追溯到人类文化的萌芽时代。远古时代，人们为了指示方向、确定时间和季节，而对太阳、月球和星星进行观察，确定它们的位置、找出它们变化的规律，并据此来编制历法、安排农事等各种活动。从这一点上来说，天文学是最古老的自然科学学科之一。

古时候，人们通过肉眼观察太阳、月球、星星来确定时间和方向，制定历法，指导农业生产，这是天体测量学最早的开端。早期天文学的内容就其本质来说就是天体测量学。从16世纪中期哥白尼提出日心体系学说开始，天文学的发展进入了全新的阶段。此前包括天文学在内的自然科学，尤其在欧洲受到宗教神学的严重束缚。哥白尼的学说使天文学摆脱宗教的束缚，并在此后的一个半世纪中从主要描述天体位置、运动的经典天体测量学，向着寻求造成这种运动力学机制的天体力学发展。

18—19世纪，经典天体力学达到了鼎盛时期。同时，由于分光学、光度学和照相术的广泛应用，天文学开始朝着深入研究天体的物理结构和物理过程发展，诞生了天体物理学。

20世纪现代物理学和技术高度发展，并在天文学观测研究中找到了广阔的用武之地，使天体物理学成为天文学中的主流学科，同时促使经典的天体力学和天体测量学也有了新的发展，人们对宇宙及宇宙中各类天体和天文现象的认识达到了前所未有的深度和广度。

　　天文学就本质上说是一门观测科学。天文学上的一切发现和研究成果，离不开天文观测工具——望远镜及其后端接收设备。在 17 世纪之前，人们尽管已制作了不少天文观测仪器，如中国的浑仪、简仪，但观测工作只能靠肉眼进行。1608 年，荷兰人李波尔赛发明了望远镜，1609 年伽利略制成第一架天文望远镜，并有许多重要发现，从此天文学跨入了用望远镜时代。此后人们对望远镜的性能不断加以改进，以期观测到更暗的天体和取得更高的分辨率。1932 年美国人央斯基用他的旋转天线阵观测到了来自天体的射电波，开创了射电天文学。1937 年诞生第一台抛物反射面射电望远镜。之后，随着射电望远镜在口径和接收波长、灵敏度等性能上的不断扩展、提高，射电天文观测技术为天文学的发展做出了重大贡献。20 世纪后 50 年中，随着探测器和空间技术的发展以及研究工作的深入，天文观测进一步从可见光、射电波段扩展到包括红外、紫外、X 射线和 γ 射线在内的电磁波各个波段，形成了多波段天文学，并为探索各类天体和天文现象的物理本质提供了强有力的观测手段，天文学发展到了一个全新的阶段。而在望远镜后端的接收设备方面，19 世纪中叶，照相、分光和光度技术广泛应用于天文观测，对于探索天体的运动、结构、化学组成和物理状态起了极大的推动作用，可以说天体物理学正是在这些技术得以应用后才逐步发展成为天文学的主流学科。

　　人类很早以前就想到太空畅游一番了。1903 年人类在地球上开设了第一家月球公园。花 50 美分就能登上一个雪茄状、带翼的车，然后车身剧烈摇晃，最后登上一个月球模型。

　　同一年，莱特兄弟在空中驾驶着自行设计的飞机飞行了 59 秒，同时康斯坦丁·焦乌科夫斯基发表了题为《利用反作用仪器进行太空探索》的文章。他在文内演算，一枚导弹要克服地球引力就必须以1.8万英里的时速飞行。他当时还建议建造一枚液体驱动的多级火箭。

20世纪50年代，有一个公认的基本思想是，哪个国家第一个成功地建立永久性宇宙空间站，它迟早就能控制整个地球。冯·布劳恩向美国人描述了洲际导弹、潜艇导弹、太空镜和可能的登月旅行。他曾设想建立一个经常载人的并能发射核导弹的宇宙空间站。他说："如果考虑到空间站在地球上所有有人居住的地区上空飞行，那么人们就能认识到，这种核战争技术会使卫星制造者在战争中处于绝对优势的地位。"

1961年，加加林成为进入太空的第一人。这一成功说明，在天上飞来飞去的并不是天使，也不是上帝。美国约翰·肯尼迪竞选的口号是"新边疆"。他解释说："我们再一次生活在一个充满发现的时代。宇宙空间是我们无法估量的新边疆。"1958年，美国成立了国家航空航天局，并于同年发射了第一颗卫星"探险者"号。1962年，约翰·格伦成为进入地球轨道的第一位美国人。

许多科学家本来就对危险的载人太空飞行表示怀疑，他们更愿意用飞行器来探测太阳系。

而美国人当时实现了突破：三名宇航员乘"阿波罗"号飞船绕月球飞行。在这种背景下，计划在1969年1月实现的两艘载人飞船的首次对接具有特殊的意义。

"和平"号被誉为"人造天宫"，1986年2月20日发射上天，是当时人类在近地空间能够长期运行的唯一载人空间轨道站。它与其相对接的"量子1号"、"量子2号"、"晶体"舱、"光谱"舱、"自然"舱等舱室形成一个重达 140 吨、工作容积 400 立方米的庞大空间轨道联合体。在这一"太空小工厂"相继考察的宇航员有 106 名，进行的科考项目多达 2.2 万个，重点项目有 600 个。

在"和平"号进行的最吸引人的实验是延长人在太空中的逗留时间。延长人在太空中的逗留时间是人类飞出自己的摇篮地球、迈向火星等天体最为关键的一步，要解决这一难题需克服失重、宇宙辐射及人在太空所产生的种种心理障碍等。其中宇航员波利亚科夫在"和平"号上创造了单次连续飞行 438 天的纪录，被视为 20 世纪航天史上的一项重要成果。在轨道站上，科学家们进行了诸如培养鹌鹑、蝾螈和种植小麦等大量的生命科学实验。

如果将"和平"号空间站看作人类的第三代空间站，国际空间站则属于第四代空间站了。国际空间站工程耗资 600 多亿美元，是人类迄今为止规模最大的载人航天工程。

国际空间站计划的实施分 3 个阶段。第一阶段是从 1994 年开始的准备阶段。这期间，美俄主要进行了一系列联合载人航天活动。美国航天飞机与俄罗斯"和平"号轨道站 8 次对接与共同飞行，训练了美国宇航员在空间站上生活和工作的能力；第二阶段从 1998 年 11 月开始：俄罗斯使用"质子—K"火箭把空间站主舱——功能货物舱送入了轨道。实验舱的发射和对接的完成，标志着第二阶段的结束，此时空间站已粗具规模，可供 3 名宇航员长期居住；第三阶段则是把美国的居住舱、欧洲航天局和日本制造的实验舱、加拿大的移动服务系统等送上太空。这些舱室与空间站对接标志着国际空间站装配最终完成，站上的宇航员增至 7 人。

几十年来载人航天活动的成果还远未满足人们对太空的渴求。人类一直都心怀征服太空的欲望和和平利用太空资源的决心。除了欧美等国家外，中国、日本、印度等国家也对太空表达了极大的兴趣，新的科学探索也已经展开了……

中国航天事业的发展

中国航天事业自 1956 年创建以来，经历了艰苦创业、配套发展、改革振兴和走向世界等几个重要时期，迄今已达到了相当规模和水平：形成了完整配套的研究、设计、生产和试验体系；建立了能发射各类卫星和载人飞船的航天器发射中心和由国内各地面站、远程跟踪测量船组成的测控网；建立了多种卫星应用系统，取得了显著的社会效益和经济效益；建立了具有一定水平的空间科学研究系统，取得了多项创新成果；培育了一支素质好、技术水平高的航天科技队伍。

中国航天事业是在基础工业比较薄弱、科技水平相对落后和特殊的国情、特定的历史条件下发展起来的。中国独立自主地进行航天活动，以较少的投入，在较短的时间里，走出了一条适合本国国情和有自身特色的发展道路，取得了一系列重要成就。中国在卫星回收、一箭多星、低温燃料火箭技术、捆绑火箭技术以及静止轨道卫星发射与测控等许多重要技术领域已跻身世界先进行列；在遥感卫星研制及其应用、通信卫星研制及其应用、载人飞船试验以及空间微重力实验等方面均取得重大成果。

一、空间技术

1. 人造地球卫星

中国于 1970 年 4 月 24 日成功地研制并发射了第一颗人造地球卫星"东方红一号"，成为世界上第五个独立自主研制和发射人造地球卫星的国家。截至 2000 年 10 月，中国共研制并发射了 47 颗不同类型的人造地球卫星，飞行成功率达 90% 以上。目前，中国已初步形成了四个卫星系列——返回式遥感卫星系列、"东方红"通信广播卫星系列、"风云"气象卫星系列和"实践"科学探测与技术试验卫星系列，"资源"地球资源卫星系列也即将形成。中国是世界上第三个掌握卫星回收技术的国家，卫星回收成功率达到国际先进水平；中国是世界上第五个独立研制和发射地球静止轨道通信卫星的国家。中国的气象卫星、地球资源卫星主要技术指标已达到 20 世纪 90 年代初期的国际水平。近几年来，中国研制并发射的 6 颗通信、地球资源和气象卫星投入使用后，工作稳定，性能良好，产生了很好的社会效益和经济效益。

东方红一号

2. 运载火箭

中国独立自主地研制了 12 种不同型号的"长征"系列运载火箭，

适用于发射近地轨道、地球静止轨道和太阳同步轨道卫星。"长征"系列运载火箭近地轨道最大运载能力达到 9200 千克，地球同步转移轨道最大运载能力达到 5100 千克，基本能够满足不同用户的需求。自 1985年中国政府正式宣布将"长征"系列运载火箭投入国际商业发射市场以来，已将 27 颗外国制造的卫星成功地送入太空，在国际商业卫星发射服务市场中占有了一席之地。迄今，"长征"系列运载火箭共实施了63 次发射；1996 年 10 月至 2000 年 10 月，"长征"系列运载火箭已连续 21 次发射成功。

3. 航天器发射场

中国已建成酒泉、西昌、太原三个航天器发射场，并圆满完成了各种运载火箭的飞行试验和各类人造卫星、试验飞船的发射任务。中国航天器发射场既可完成国内发射任务，又具有完成为国际商业发射服务和开展其他国际航天合作的能力。

4. 航天测控

中国已建成完整的航天测控网，包括陆地测控站和海上测控船，圆满完成了从近地轨道卫星到地球静止轨道卫星、从卫星到试验飞船的航天测控任务。中国航天测控网已具备国际联网共享测控资源的能力，测控技术达到了世界先进水平。

5. 载人航天

中国于 1992 年开始实施载人飞船航天工程，研制了载人飞船和高可靠运载火箭，开展了航天医学和空间生命科学的工程研究，选拔了预备航天员，研制了一批空间遥感和空间科学试验装置。1999 年 11 月20 日至 21 日，中国成功地发射并回收了第一艘"神舟"号无人试验飞船，标志着中国已突破了载人飞船的基本技术，在载人航天领域迈出了重要步伐。

神舟一号

二、空间应用

中国重视研制各种应用卫星和开发卫星应用技术，在卫星遥感、卫星通信、卫星导航定位等方面取得了长足发展。中国研制和发射的卫星中，遥感卫星和通信卫星约占 71%，这些卫星已广泛应用于经济、科技、文化和国防建设的各个领域，取得了显著的社会效益和经济效益。国家有关部门还积极利用国外各种应用卫星开展应用技术研究，取得了很好的应用效果。

1. 卫星遥感

中国从 20 世纪 70 年代初期开始利用国内外遥感卫星，开展卫星遥感应用技术的研究、开发和推广工作，在气象、地矿、测绘、农林、水利、海洋、地震和城市建设等方面得到了广泛应用。目前，国家遥感中心、国家卫星气象中心、中国资源卫星应用中心、卫星海洋应用中心和中国遥感卫星地面接收站等机构，以及国务院有关部委、部分省市和中国科学院的卫星遥感应用研究机构已经建立起来。这些专业机构利用国内外遥感卫星开展了气象预报、国土普查、作物估产、森林调查、灾害监测、环境保护、海洋预报、城市规划和地图测绘等多方面、多领域的应用研究工作。特别是卫星气象地面应用系统的业务化运行，极大地提高了对灾害性天气预报的准确性，使国家和人民群众的经济损失有了明显的减少。

2. 卫星通信

中国从20世纪80年代中期开始利用国内外通信卫星，发展卫星通信技术，以满足日益增长的通信、广播和教育事业的发展需求。在卫星固定通信业务方面，全国建有数十座大中型卫星通信地球站，联结世界180多个国家和地区的国际卫星通信话路达2.7万多条。中国已建成国内卫星公众通信网，国内卫星通信话路达7万多条，初步解决了边远地区的通信问题。甚小口径终端（VSAT）通信业务近几年发展较快，已有国内甚小口径终端通信业务经营单位30个，服务小站用户15000个，其中双向小站用户超过6300个；同时建立了金融、气象、交通、石油、水利、民航、电力、卫生和新闻等几十个部门的80多个专用通信网，甚小口径终端上万个。在卫星电视广播业务方面，中国已建成覆盖全球的卫星电视广播系统和覆盖全国的卫星电视教育系统。中国从1985年开始利用卫星传送广播电视节目，目前已形成了占用33个通信卫星转发器的卫星传输覆盖网，负责传送中央、地方电视节目和教育电视节目共计47套，以及中央32路对内、对外广播节目和近40套地方广播节目。卫星教育电视广播开播十多年来，有3000多万人接受了大、中专教育与培训。近年来，中国建成了卫星直播试验平台，通过数字压缩方式将中央和地方的卫星电视节目传送到无线广播电视覆盖不到的广大农村地区，使中国广播电视的覆盖率有了很大提高。中国现有卫星电视广播接收站约 18.9 万座。在卫星直播试验平台上，还建立了中国教育卫星宽带多媒体传输网络，面向全国开展远程教育和信息技术的综合服务。

3. 卫星导航定位

中国从 20 世纪 80 年代初期开始利用国外导航卫星，开展卫星导航定位应用技术开发工作，并在大地测量、船舶导航、飞机导航、地震监测、地质防灾监测、森林防火灭火和城市交通管理等许多行业得到了广泛应用。中国在 1992 年加入了国际低轨道搜索和营救卫星组织（COSPAS－SARSAT），以后还建立了中国任务控制中心，大大提高了船舶、飞机和车辆遇险报警服务能力。

三、空间科学

中国在 20 世纪 60 年代初期开始利用探空火箭、探空气球开展了高层大气探测。在 20 世纪 70 年代初期开始利用"实践"系列科学探测与技术试验卫星开展了一系列空间探测和研究，获得了很多宝贵的环境探测资料。近年来，开展了空间天气预报的研究工作及相应的国际合作。从 20 世纪 80 年代末开始利用返回型遥感卫星进行了多种空间科学实验，在晶体和蛋白质生长、细胞培养、作物育种等方面取得了很好的成果。中国空间科学在基础理论研究方面取得了若干创新成果，在空间物理学、微重力科学和空间生命科学等领域建立了具有一定水平的对外开放的国家级实验室，建立了空间有效载荷应用中心，具有支持进行空间科学实验的基本能力。近年来，利用"实践"系列科学探测与技术试验卫星对近地空间环境中的带电粒子及其效应进行了较为详细的探测，并首次完成了微重力流体物理两层流体空间实验，实现了空间实验的遥操作。

中国航天大事记

1956 年 3 月，国务院制定《一九五六年至一九六七年科学技术发展远景规划纲要（草案）》，其中提出要在十二年内使中国喷气和火箭技术走上独立发展的道路。

1956 年 4 月，成立中华人民共和国航空工业委员会，统一领导中国的航空和火箭事业。聂荣臻任主任，黄克诚、赵尔陆任副主任。

1956 年 5 月 10 日，聂荣臻副总理向中央提出《建立中国导弹研究工作的初步意见》。5 月 26 日，周恩来总理主持中央军委会议讨论同意，并责成航委负责组织导弹管理机构和研究机构。

1956 年 10 月 15 日，聂荣臻副总理就发展中国导弹事业向中央报告，提出对导弹的研究采取"自力更生为主，力争外援和利用外国已有的科学成果"的方针。17 日，中央批准了这个报告。

1958 年 1 月，国防部制定喷气与火箭技术十年（1958 年至 1967年）发展规划纲要。

苏联第一颗人造地球卫星发射之后，中国一些著名科学家建议开展中国卫星工程的研究工作。一些高等院校也开始进行有关学术活动。中国科学院由钱学森、赵九章等科学家负责拟订发展人造卫星的规划草案，代号为"五八一"任务，成立了"五八一小组"，议定建立三个设计院落。8 月，第一设计院成立。11 月，迁往上海，改名为中国科学院上海机电设计院。

1958 年 4 月，开始兴建中国第一个运载火箭发射场。

1960 年 2 月 19 日，中国自行设计制造的试验型液体燃料探空火箭首次发射成功。9 月，探空火箭发射成功。

1964 年 4 月 29 日，国防科委向中央报告，设想在 1970 年或 1971

年发射中国第一颗人造卫星。

1964 年 6 月 29 日，中国自行研制的中近程火箭再次发射试验，获得成功。

1964 年 7 月 19 日，成功地发射了第一枚生物火箭。

1965 年，中央专门委员会批准第七机械工业部制定的 1965 至 1972 年运载火箭发展规划。中央专委责成中国科学院负责拟订卫星系列发展规划。

1965 年 10 月，中国科学院受国防科学技术委员会的委托，召开第一颗人造卫星方案论证会。

1966 年 6 月 30 日，周恩来总理视察酒泉运载火箭发射基地，观看中近程火箭发射试验，祝贺发射成功。

1966 年 10 月 27 日，导弹核武器发射试验成功。弹头精确命中目标，实现核爆炸。

1966 年 11 月，"长征一号"运载火箭和"东方红一号"人造卫星开始研制。

1966 年 12 月 26 日，中国研制的中程火箭首次飞行试验基本成功。

1967 年，"和平二号"固体燃料气象火箭试射成功。

1968 年 2 月 20 日，空间技术研究院成立。

1970 年 1 月 30 日，中远程火箭飞行试验首次成功。

1970 年 4 月 24 日，"东方红一号"人造卫星发射成功。这是中国发射的第一颗人造卫星。毛泽东主席等领导人于"五·一"节在天安门城楼接见了卫星和运载火箭研制人员代表。

1971 年 3 月 3 日，中国发射了科学实验卫星"实践一号"。卫星在预定轨道上工作了八年。

1971 年 9 月 10 日，洲际火箭首次飞行试验基本成功。

1975 年 11 月 26 日，中国发射了一颗返回式人造卫星。卫星按预定计划于 29 日返回地面。

1979 年 1 月 7 日，远程火箭试验一种新的发射方式，获得成功。

1980 年 5 月 18 日，中国向太平洋预定海域成功地发射了远程运载火箭。

1981 年 9 月 20 日，中国用一枚运载火箭发射了三颗科学实验卫星。

1982 年 10 月 12 日，潜艇水下发射运载火箭获得成功，回收舱准确地溅落在预定海域。中共中央军委发电致贺。

1984 年 4 月 8 日，中国第一颗地球静止轨道试验通信卫星发射成功。16 日，卫星成功地定点于东经 125°赤道上空。1986 年 2 月 1 日，中国发射一颗实用通信广播卫星。20 日，卫星定点成功。这标志着中国已全面掌握运载火箭技术，卫星通信由试验阶段进入实用阶段。

1988 年 9 月 7 日，中国发射一颗试验性气象卫星"风云一号"。这是中国自行研制和发射的第一颗极地轨道气象卫星。

1988 年 12 月 25 日，中国科学院海南探空火箭发射场成功地发射了一枚"织女一号"火箭，至此，中国低纬度区第一次火箭探空试验圆满结束。这次为期两周的试验共发射了四枚火箭。

1990 年 4 月 7 日，中国自行研制的"长征三号"运载火箭在西昌卫星发射中心，把美国制造的亚洲 1 号通信卫星送入预定的轨道，首次取得了为国外用户发射卫星的圆满成功。

1990 年 7 月 16 日，中国新研制的大推力运载火箭——长征二号捆绑式运载火箭在西昌卫星发射中心发射成功，将模拟卫星送入了预定轨道。这枚火箭是由中国新建的大型航天发射设施发射升空的，同时还为巴基斯坦搭载发射了一颗小型科学试验卫星。

1991 年 1 月 22 日，中国第一枚一百二十公里高空低纬度探空火箭——"织女三号"在中国科学院海南探空发射场发射试验成功。1994 年 2 月 22 日，中国第一座海事卫星地面站通过验收。它的建成填补了中国高科技的一项空白。

1998 年 5 月 2 日，中国自行研制生产的"长二丙"改进型运载火箭在太原卫星发射中心发射成功。这标志着中国具有参与国际中低轨道商业发射市场竞争力

1999 年 11 月，中国载人航天工程在这里进行第一次飞行试验，成功发射中国第一艘试验飞船"神舟"一号。

中国载人航天工程于 1992 年启动实施，短短四年时间，酒泉卫星发射中心建成中国第一个现代化的载人航天发射场。该中心地处起源于祁连山的弱水河畔，平均海拔 1100 米，地势平坦，多属戈壁和沙漠。自然环境恶劣：冬季寒冷，夏季炎热，年最低气温 $-34℃$，最高气温 $42.8℃$。

2001 年 1 月 9 日神舟二号发射成功，它是第一艘正样无人飞船，飞行试验的主要目的是，对工程各系统从发射到运行、返回、留轨的全过程进行考核，检验各技术方案的正确性与匹配性，取得与载人飞行有关的科学数据和实验数据。

2002 年 3 月 25 日神舟三号发射成功，它飞行试验的主要目的是，考核火箭逃逸功能、控制系统冗余、飞船应急救生、自主应急返回、人工控制等功能，这次任务载有模拟宇航员。

2002 年 12 月 29 日神舟四号发射成功，这是在无人状态下全面考核的一次飞行试验，主要目的是确保宇航员绝对安全，进一步完善和考核火箭、飞船、测控系统的可靠性。

2003 年 10 月 15 日神舟五号发射成功，这是我国航天首次载人飞行，承载的宇航员是杨利伟，成功围绕地球 14 圈。

2005 年 10 月 12 日神舟六号发射成功，这是我国航天首次进行多

人多天的航天飞行，承载的宇航员是费俊龙和聂海胜。

2008 年 9 月 25 日神舟七号发射成功，这是我国航天首次承载三名宇航员进入太空，承载的宇航员是翟志刚、刘伯明和景海鹏，成功进行出舱行走（又称太空漫步）。

2011 年 11 月 1 日 5 时 58 分 10 秒，神舟八号飞船在酒泉卫星发射中心发射，与我国首个空间站雏形"天宫一号"携手，共同执行我国首次空间交会对接任务。在顺利完成两次对接任务后，于 2011 年 11 月 17 日 19 时 36 分在内蒙古四子王旗着陆，我国首次空间交会对接任务完成。

2012 年 6 月 16 日，长征二号 F19 运载火箭起飞，托举着神舟九号飞船飞向太空。神舟九号载人飞船在 2012 年 6 月 18 日执行了自动交会对接任务，标志着中国较为熟练地掌握了自动交会对接技术及载人航天技术的进一步成熟。

打开星空大门的金钥匙

星图是什么？星图就是从地球上看天空，将天体的球面位置投影于平面而绘制的图，它简洁而明确地表示出天体在天球上的视位置、相对明暗程度、基本形态、类型归属和名称等。星图是天文工作者和天文爱好者的必备工具，是开启星空大门的金钥匙。可是，怎样选用星图呢？

如果你的天文观测活动刚刚起步，急切地希望熟悉那些遥远的天体，最好选用活动星图。活动星图能随时向你展示出星空图像，帮你认星，熟悉星空变化的规律。使用方法：面向南立，将星图高举于头顶，观测的日期与观测时刻相对应。星图上标出的方向要与实际方向相一致，这时，星图上展示的和你看到的星空基本一致，你就能很容易对照认星了。

如果你要寻找行星，就请选用专门绘制的行星星图。这种星图都标明了行星在一个月或几个月内的位置及运行路线。

如果你认星已经入门，熟悉星空中的主要星座，还想进行专题观测的话，可以选用全天星图。

选用星图时要注意：（1）星图的历元。一般来说，一份星图在它的历元前后各25年左右。如年份相差太多，就会影响恒星的精确位置。（2）进行天文观测时，最好把星图和星表式《天文年历》结合使用。（3）最好选用1930年以后的星图，因为1928年国际天文学联合会公布了88个星座的规范划分，1930年才有标准的全天星图。（4）要熟悉星图中各种符号、缩写字母和颜色所代表的意义，这些符号都是 1938 年国际天文学联合会决定使用的。（5）星图上的方向与地图不同，它是上北、下南、左东、右西（地图是上北、下南、左西、右东）。使用方法也与地图不同，地图应平放桌上或挂在墙上。而星图却要举起来，让它正面冲着你的脸，使你面对的方向与星图上所标方向一致。如面南而立时，星图上的南方冲向南，这样，星图上的方向就与实际方向符合了。

妙趣横生的古典星图

我们聪明的祖先们、天文学界的能工巧匠们根据美丽的神话传说，以明亮的恒星为背景，把充满诗情画意的星空绘制成一幅幅生动有趣的图形。每个星座都有了自己的位置、故事和图形。灿烂美丽的星空配上情节动人、形象优美、构思巧妙的脍炙人口的希腊神话故事，使原本单调乏味的天文学研究变得妙趣横生，充满诗意。

著名的古典星图有以下几种：

1603 年出版的德国巴耶尔星图，共有 5 幅；1690 年出版的波兰赫维留斯星图，共有 54 幅；1729 年出版的英国弗兰姆斯蒂德星图，共有 29 幅；1801 年出版的德国波德星图。

这些星图成为星空画廊的一幅幅精美作品。例如弗兰姆斯蒂德星图中的"猎户星座"和"金牛星座"。

猎户星座是星空中最美丽、最灿烂的星座，他正手举着狮皮迎击向他冲来的金牛。金牛星座中有个著名的小星团，叫昴星团，又叫七姐妹星团。传说金牛是天神宙斯为拐骗少女欧罗巴（欧洲名称的来源）

而演变的化身。说来也巧，1989年，外文名称就叫宙斯的木星正好在金牛星座中，与金牛星座的神话传说恰巧吻合。

这些精美的古典星图不仅是我们遨游星海的指南，也是人类艺术殿堂的瑰宝。

更值一提的是，现在存放于我国苏州博物馆里的目前世界最古老的星图，是我国宋代黄裳在1297年作的石刻星图。

第一个预测彗星周期的人

在庞大无比的星际世界里，有一种我们不常见的星，形状也与一般星不同，头尖尖的，还拖着一条大尾巴，像一把横扫天空的大扫帚，这就是彗星，民间称它为"扫帚星"。

彗星像个不愿抛头露面的"过路客人"。如果用肉眼观测星空，大约两三年才能见到一颗，若借助天文望远镜，还能见到一些较小较暗的彗星，但每年也只能见到几十颗。据记载，人类有史以来也只观测到2000多次彗星。大部分彗星不停地环绕太阳、沿着一个个扁长的椭圆形轨道运行着。每隔一定时期，它们运行到离太阳和地球比较近的地方，我们就有可能看到它。这类彗星，我们称它为"周期彗星"。而每颗彗星绕太阳运转的周期是不同的，如著名的"哈雷彗星"的周期是76年。周期最短的是"恩克彗星"，每隔3.3年，我们就能看到它。从1786年发现以来，它已经出现过50多次了。有些彗星的周期是几百年、几千年、几万年，甚至更长。周期在200年以内的叫短周期彗星，200年以上的是长周期彗星。还有一类彗星，露一次面后，就永远"拜拜"，一去不复返了，这是具有抛物线或双曲线轨道的非周期彗星。长周期彗星和非周期彗星占彗星总数的 60%，难怪我们很少见到彗星。

1791 年 9 月 23 日，德国汉堡一位传教士家中诞生了一个可爱的男孩。他就是著名的德国天文学家恩克。恩克从事天文学工作 50 年，取得了辉煌成就，而引导他走上成名之路的就是一颗彗星。

1818 年 12 月，靠自学成才的法国天文学家庞斯在马赛发现了一颗彗星。翌年 1 月恩克开始跟踪这颗彗星，并试图计算它的轨道。正巧 10 年前（1809），他在哥廷根大学求学时的导师高斯曾提出一种根据三次完整的观察就可确定天体轨道的巧妙方法。恩克运用这一方法，推算出了这颗彗星的轨道竟是一个不太扁长的椭圆，彗星在此轨道上的运行周期只有 3 年半。在计算中他发现，这颗彗星与另外三位天文学家默香、赫歇耳以及庞斯分别于 1781 年、1792 年和 1805 年所观察到的三颗彗星竟是同一颗星。于是他大胆预言，这颗彗星将于 1822 年返回近日点附近，并再次被我们观测到。预言应验了，人们果真在这一天重新观测到了这颗彗星，于是将它命名为"恩克彗星"。

由于这一发现，恩克一举成名。从此，他的事业蒸蒸日上，天文研究工作也蓬勃发展起来。

十二生肖与干支纪年

我国有用各种动物来纪年的习惯，总共有 12 种动物，这些动物也成为人们的生肖。人出生的那一年的属相就是"生肖"。属相是用鼠、牛、虎、兔、龙、蛇、马、羊、猴、鸡、狗、猪这十二生肖来表示年份的，如鼠年、牛年、马年……

十二生肖是怎么来的？原来它与古代的干支纪年法有关。

干支纪年，大约从春秋时代就开始了，是我国古代历法中重要的推算工具。

但在古代，要用干支记住所生的年份，这对不识字的人是比较困难的。为了便于记忆和推算，人们就用生活中熟悉的牛、马等十二种动物与十二地支相对应的方法，每年用其中一种动物作为这一年的属相。如2000年按干支是庚辰年，属相是龙。记庚辰年比较困难，记龙年却容易多了。每12年一个循环，用生肖推算人们年龄也比较方便。

属相纪岁法与干支纪年法的关系在我国藏族人民使用的藏历中也有明显的反映。藏历也用干支纪年法，但它更换了一下形式，用金、木、水、火、土代换十干，甲乙为木、丙丁为火、戊己为土，庚辛为金、壬癸为水。它又用十二生肖代换十二地支，这样，农历的甲子年，藏历叫作木鼠年；农历的癸亥年，藏历叫作水猪年。干支60年一循环，藏历叫"迥登"，即木鼠之意，表示60年的循环是从木鼠年开始计算的。

天文学著作趣闻

一、现存传世最早的天文学著作

现存传世最早的天文学著作是西汉时司马迁所著的《史记·天官书》。司马迁撰写《史记》时的官职是太史令，这不仅要通晓历史，而且还要懂得天文、地理、律历等。《天官书》是《史记》中的一篇，专述天文史，涉及西汉及西汉以前的天文学发展情况。它涉及日月和五星的运行情况，以及有关彗星、流星、陨石和极光的观测记录。它还将天空分为五大天区，列有 91 个恒星组，共含 500 多颗恒星。这是有关秦汉和先秦天文发展的重要文献。

二、第一本确定日月交食周期的书

第一本确定日月交食周期的书是西汉的三统历，比三统历更早的太初历已经有这方面的记载，但是，太初历已失传，而《史记》中有关数字的有些问题，其周期难于断定。三统历编成于公元前 7 年，但未颁行（太初历之后使用了四分历）。三统历中确定日食和月食发生的周期为 135 个月中发生 23 次。这也是世界上最早推算出日月交食周期的书。交食周期即是日月地三者经过此周期后又回到原来的相对位置，因此每个周期内的日食月食再次相继出现。

三、第一次引入星等概念的书

第一次引入星等概念的书是明代吴伯宗和马哈麻等人翻译的《天文书》（今称《明译天文书》），原作者是波斯天文学家阔识牙耳。这是一部完整的阿拉伯星占书，其中有许多阿拉伯天文学知识，并且是中国人所不熟悉的。译著第一次介绍了 20 个阿拉伯星座的名称和 30 颗恒星的星等。书中写道，杂星"大小有六等，有大显者，有微显者"。即一至三等星为大显者，四至六等星为微显者。这是西方星等概念首次传入中国。

四、第一本将中西星名对译的书

第一次将中西星名对译的书是明代历官元统与阿拉伯天文学家合译、天文学家贝琳整理并使之流传的《七政推步》。这部书系统地介绍了回回历法和阿拉伯天文学知识，书中第一次从波斯文译出十二个月的名称，并给出七天一周的计算方法，以及这七天的名称。书中还有一份恒星表，并第一次把中西恒星星名加以对照，共有277颗星，还注有黄道坐标、星等和中西名称等。这部著作为东西方天文学的交流奠定了初步的基础，也是研究阿拉伯天文学的重要史料。

中国古代纪年法

我们现在用的纪年方法，是公元纪年。这是现在世界上通行的纪年方法，它是从耶稣诞生这一年算起的。在我国古代，却另有两种纪年方法。

一种是以封建王朝的年份来纪年。如唐太宗（李世民）的年号叫贞观，他在公元627年做皇帝，这一年叫贞观元年。明朝最后一个皇帝思宗（朱由检）登基时年号为崇祯，思宗（即崇祯皇帝）自缢死亡的一年，是崇祯十六年。这种纪年法，如果不熟悉各个朝代和年号，计算起来就很麻烦。三国时，魏、蜀、吴三国各有各的纪年方法，造成纪年混乱、不统一。因此，我国古代另有一种比较科学的纪年法：干支纪年。

你一定很熟悉"甲午风云"、"辛亥革命"，这里的"甲午"、"辛亥"都是年份的名称，是由干支纪年法而来的。

"干支"是天干与地支的合称。甲、乙、丙、丁、戊、己、庚、辛、壬、癸叫天干（又称十天干）；子、丑、寅、卯、辰、巳、午、未、申、酉、戌、亥叫地支（即十二地支）。天干地支依次搭配，正好60年为一周，这就是人们平时说的六十甲子。古人用这种方法纪年、纪月、纪日、纪时。

干支纪时，是将一昼夜十二等分，分别用子、丑、寅……十二地支来命名，一个符号代表一个时辰，每个时辰相当于现在两个小时。时间的具体划分:白天根据日影来推断时间，可用日晷测定，也可凭经验目测。以太阳为标准，太阳当空正午叫午时，此为一日的中心，相当于现在的中午 12 点。午时以后，再依次计算:14 点为未时，16 点为申时，18 点为酉时。酉时后，太阳已没。古代普通百姓家没有滴漏等计时器，就用燃香的方法来计时，或听打更报时。人们将一个晚上分为五个更次:从 20 点的戌时起更，称为一更天;22 点的亥时叫作二更天;零点是半夜，为子时，俗称"半夜三更";2 点称丑时，为四更天;黎明前 4 点称寅时，为五更天。五更过后，金鸡报晓，天渐渐放亮。上午 6 点称卯时;8 点称辰时;10 点称巳时。

干支纪日，相传很古老了，距今已有 2000 多年。每天都有一个日序，含天干一个字，地支一个字，如甲子为第一日，第二日即为乙丑，第三日为丙寅……60 日为一周，一周完毕再由甲子日起。

干支纪月，以十二地支命名，冬至所在月为子月，下一月为丑月，等等。但干支纪月现在已经不用了。

干支纪年，天干地支依序搭配，甲子为第一年，乙丑第二年……60 年为一周，再循环往复。比如 1924 年是甲子年，60 年后的 1984 年又是甲子年。

古代天文仪器趣闻

一、现存最古老的浑仪

现存最古老的浑仪是保存在南京紫金山天文台的唯一一架浑仪。浑仪制作水平在北宋时达到了高峰。北宋亡国后，宋朝的浑仪被迁到金朝的国都燕京（今北京），部分仪器留存至明代。后明太祖朱元璋把这些北宋的仪器连同元代的仪器迁往南京。明成祖朱棣迁都北京后，钦天监监正皇甫仲和于正统二年（1437）提出了仿制南京天文仪器的建议，并于正统四年仿制完毕。到今天，这批仿制的仪器中，只有一架宋朝仿制浑仪保存了下来。

二、最后一座大型铜浑仪

最后一座大型铜浑仪是清乾隆九年至十九年（1744—1754）制造的玑衡抚辰仪。它包含这样一些"之最"：北京古观象台上陈设的最后一件大型铜铸天文仪器；与历代浑仪相比，它的体形最高大——长、宽、高各为 2160 毫米、3690 毫米、3360 毫米；用铜量最多——5145 公斤；设计和加工时间最长——10 年，装饰和造型最华丽，造价最昂贵；它所涉及的史料（包括文献、模型与实物）最完整；由于玑衡抚辰仪的制作以旧的天文仪器为原料，它的代价是最大的，因而是最得不偿失的。这架浑仪的设计和制造工作有传教士参与，并引进了西方的制法以简化和改造古代浑仪。因此，这也是仅有的一次中西方相互结合的实验。

三、最早的天象仪

最早的天象仪是北宋时期苏颂与韩公廉设计和制造的元祐浑天仪象。这是一种假天仪，也称天象仪。它与浑仪和浑象不同，它是通过一定的机械装置来模拟天象变化，因此，它是让人居于装置内观察，而操作浑仪与浑象是让人居于装置之外进行。这个天象仪的木样完成于元祐四年（1088 年），经测试后，得到结论"昼夜校验，与天道已参合"。而后制作铜仪，这个天象仪精度高，是苏颂等人的重要发明。他们的仪器史称"星官历翁，聚观骇叹，盖古未尝有也"。

四、最早的自动天文仪器

最早的自动天文仪器是东汉天文学家张衡改制的漏水转浑天仪。这种仪器是西汉时耿寿昌发明的，类似今天的天球仪。由于耿寿昌的著作装置均已失传，现已无法知其结构。张衡在耿寿昌的基础上进行了改进，他在仪器上刻有日月、星辰、南北天极、赤道和黄道。此外，他借助漏壶的水滴均匀地作用在装置上，使仪器可以匀速地运转，保证一昼夜运转一周。这样，仪器将太空中日月星辰的周日运动自动地演示出来。

五、现存最早的漏壶

现存最早的漏壶是西汉漏壶。近几十年间，在陕西兴平、河北满城、内蒙古鄂尔多斯市相继出土了三种西汉时期的漏壶。据史籍记载，西汉漏壶的形制是一种沉箭漏。以陕西兴平漏壶为例，它是一只铜质漏壶，由壶体和壶盖构成。壶体成圆筒形，且有三只壶脚，近底部的侧面有一壶嘴。壶盖亦成圆形，且有一提梁。壶盖与壶体可紧密连接，手拎提梁可以把漏壶提起来。在提梁与盖中间均有一个位置对应的小孔，过这些小孔可以插一支箭，根据箭上的刻度就可以判明时刻。内蒙古出土的铜漏还刻有制造的年代和地点，即"千章铜漏"、"河平二年四月造"（公元前 27 年）。

六、第一架天文钟

第一架天文钟是北宋元祐年间由苏颂和韩公廉主持制造的水运仪象台。它的结构载入了苏颂主编的《新仪象法要》一书中。这座仪象台分为三层，其中下层为报时系统。整个装置的运行是用漏壶的漏水作动力，它由 3 只连用的泄水壶和 36 只（一说 48 只）轮流接受漏水的受水壶组成。这组漏壶既可测时，又可提供仪器运转的动力。水运仪象台名为"天衡"的装置，它的作用类似现在机械钟上的擒纵机构。天衡的结构和原理都非常复杂，其制作的确需要非凡的才智和高超的工艺。

七、第一台独立于天文仪器的时钟

第一台独立于天文仪器的时钟是郭守敬设计制作的大明殿灯漏，也称"七宝灯漏"。这个灯漏很大，高约一丈七尺，用水力带动灯漏运行。为了保证水流的稳定，郭守敬利用曲梁中央的云珠和下悬的珠以及曲梁两端的龙来监测水位的变化，控制水的流速在一个小范围内。七宝灯漏还设有手执报时牌的神像 12 个，并设有自鸣的钟鼓等器物。一般来讲，七宝灯漏比起宋代的水运仪象台来说，并没有什么特别的地方，但它是第一台专门用于计时的大型机械钟表，特别是安装在大明殿，为元朝政府的朝会报时，因其功能单一，对以后钟表的发展具有重要意义。最大的砖石圭表是河南登封告成镇观星台的圭表。这里的砖砌测景台相当于一座坚固的"表"，刮风也不会使它摇晃；台下有一条石制"长堤"，它是测日影用的大尺子，即"量天尺"，相当于一个"圭"。这个大圭表建于元代，到明代曾进行重修。这座圭表高约 36 尺（9.46 米），台上设有二室，分别放置着漏壶和浑仪，量天尺长达 128 尺（31.19 米），处于南北方向上。这座圭表的测量精度极高，除去人为的因素，仪器的误差只有 0.12 毫米。由此可见，郭守敬的设计精妙绝伦，令人赞叹。

龙头节与"龙抬头"

"二月二，龙抬头"，指的就是龙头节，又叫春龙节。这个节日早在秦汉以前就有了。每逢龙头节，人们都要吃龙须面和龙鳞饼。妇女们停止做针线活，以免伤了龙目。民间还流传一种"引龙回"的活动：在龙头节这天清晨点上灯笼，把草灰或谷糠从河边或井边直撒到屋内的水缸旁。这虽是一种迷信，但却反映出人们对龙的崇拜，具有祈求龙神赐福，保佑风调雨顺、五谷丰登的意思。在我国古代神话传说中，龙是威力无比的神异动物，它执掌着农业的丰收和水旱灾害。据传说，龙是冬天要蛰伏的动物，在惊蛰这天苏醒过来。醒来后，就要抬头，于是惊雷滚滚，春雨绵绵，万物也开始苏醒了。

实际上，龙是不存在的。古人设立这个节日不是出自迷信，而是有一定根据的。龙头节中的龙不是指神话中的龙，而是苍龙星座。

上古时，人们曾经专门以苍龙星座的方位作为定季节的标准。东方苍龙星座包括角、亢、氐、房、心、尾、箕七宿，角就是龙角。所谓龙抬头就是指角宿初昏时从东方地平线上慢慢升起。在中国古代天文学的 28 宿（也称 28 舍或 28 星）中，东方的角宿正好与西方的奎宿相对。每当初昏，奎宿随太阳西落时，角宿便东升了。这就是古人为什么把农历二月二日叫"龙抬头"的道理。还有因为这时正是春播的关键时刻，所以古人把它定为节日，以便不误农时。

有趣的时差

我们平常使用的时间，是以太阳的方位作标准的。每当太阳通过天球子午线的时刻，就是当地正午 12 点。地球上不同地点的人，看到太阳通过天球子午线的时刻也不同。为了大家都有共同的时间标准，1884年，国际天文工作者们在华盛顿举行的一次会议上，一致决定把格林尼治子午线作为划分地球经线的起点，并以此为基础来确定世界的时区，把地理经度为0度的英国格林尼治时间作为全世界的标准时间，叫作世界时。但是，如果世界各国都用世界时，也会出现一些麻烦。比如，北京的中午，就要在早上4点钟；而太平洋上的中午，又正好是世界时的半夜。

为了弥补这一缺陷，人们就把全球分成24个时区。每个时区占据经度15度（全球360度）。格林尼治天文台所在的时区，叫作零时区。零时区以东的第一个时区叫东一区，再往东为东二区、东三区……直到东十二区。零时区以西则是西一区、西二区……直到西十二区。每跨过一个时区，采用的时间正好相差一小时（地球正好旋转15度）。在同一时区，时间是统一的。我国使用的是东经120度的标准时间，属东八区。平时我们听收音机报告的"北京时间"，就是东八区的标准时间。

时区与时区之间，分秒数是相同的，但小时数不同。这就造成了时间差。比如我国的北京在东八区，日本东京在东九区，北京时间就比东京时间迟1小时；俄罗斯的莫斯科在东三区，北京时间就比莫斯科时间早5小时。而美国的纽约在西五区，北京时间比纽约时间早13个小时。纽约的上午9点，就是北京时间晚上10点。

古人论天

"敕勒川，阴山下，天似穹庐，笼盖四野。天苍苍，野茫茫，风吹草低见牛羊。"

这首大家都熟悉的民歌，是南北朝时鲜卑族歌手斛律金（公元6世纪）创作的。对于生活在大草原上的人们来说，他们很容易感到"天"似一个圆盖，笼罩在平坦的大地上。我国远古时的人们大概也是从直观的认识，提出了对天和地的这种看法，后来被概括为"盖天说"。简单地说就是"天圆地方"的观点。古时人们以为地是方形的，地外边是"深渊"，所以不敢离家走得很远，怕掉下去了。其实，地球上的人们无论走得多远，仍然在地球上。

"天"是圆形的，天上有星星，太阳、月球在天空上由东往西旋转着。那么，它们又是怎么转来转去的呢？如果按一些人（如古印度人）的看法，大地是浮在水面上的，那么太阳是火球，火球落入水中就会熄灭，又怎么会在第二天从水中升起来呢？因此，大地浮在水面的说法不可靠。再说，天是圆球形，地是方形，圆与方是相接不起来的。后来古人又提出天好像是一顶斗笠，大地就像一只倒扣着的盘子，二者是完全相似的拱形。这个看法又被称为第二次盖天说。把大地看作是拱形或球形的认识，比起平坦的认识无疑要进步了一些，但仍然解释不了日、月的东升西落运动规律。

到了汉代，著名科学家张衡（78—139）创造了浑天仪，提出了"浑天说"。他说："浑天如鸡子。天体圆如弹丸，地如鸡子中黄，孤居于内，天大而地小"。将大地作为一个球体看待，这与现代的看法是一致的。但初期的张衡却认为大地是浮在水上面的。由于不能解释太阳的东升西落现象，才提出"天地各乘气而立"。后来宋代张载明确提出"地在气中"，认为大地是浮在一种气体上边的。现代的研究表明，宇宙间各类天体之间都存在氢气及稀薄物质。所以，他的猜想是正确的。

将人们居住的大地看作球形的观念，在古埃及与古希腊也曾出现过。据说公元前250年前后，古希腊的地理学家埃拉托色尼（前276—前194）在夏至日测量了塞恩（今埃及阿斯旺）与亚历山大城所观察的太阳的高度差，计算出地球的周长约3.96万千米。而世界上首次精密实测地球的大小，是我国唐代天文学家一行与南宫说做的。他们在河南平原上测量了滑县、开封、扶沟、上蔡四地的纬度，从而求得地球的周长约4万千米，今测值为4.003万千米。这么精确的数值的得出，再次表明我国古代天文学的辉煌成就。

留名水星环形山的华夏名人

与月球、火星一样，水星表面的环形山也比比皆是。仅西半球直径在20千米以上的环形山就有310座。国际天文学联合会于1979年正式颁布了这310座水星环形山的专有名称。它们的命名借用了世界历代著名文学艺术家的名字。我们中华民族历史上有15位杰出文学艺术家的大名登上了水星环形山，在宇宙间留下了不朽的丰碑，他们是：

伯　牙　春秋时代音乐家；

蔡琰东　汉末女诗人；

李　白　唐代著名诗人；

白居易　唐代大诗人；

董　源　五代十国南唐画家；

李清照　南宋女词人；

姜　夔　南宋音乐家；

梁　楷　南宋画家；

关汉卿　元代戏曲家；

马致远　元代戏曲家；

赵孟頫　元代书画家；

王　蒙　元末画家；

朱　耷　清初画家；

曹　霑　清朝大文学家；

鲁　迅　现代无产阶级文学家、思想家、革命家。

古人认识天与地

远古的人们已发现了天上有几颗明亮的星星，它们没有固定的位置，而是在恒星之间游荡着，故称之为"行星"。它们的名字是水星、金星、火星、木星和土星，加上太阳和月球，共有 7 个，称为七曜。后人将七曜用以表示较长的时日，就是 7 天为一星期。

至于天空的七曜和地球的关系，古希腊哲学家柏拉图（前 427—前 347）曾在《蒂迈欧》一书中提出，地球为宇宙的中心，其他各个天体处于不同的球壳上。这些球壳离地球由近到远，依次是月球、太阳、水星、金星、火星、木星、土星。最外层的是满天的恒星。随后，柏拉图的高徒亚里士多德将天体的次序更改为月球、水星、金星、太阳、火星、木星、土星和恒星天。恒星天之外还有一层"宗动天"。后来的天文观测认为不存在什么"宗动天"。

在亚氏之后，西方最有名的天文学家是托勒密（约 90—168）。他著有《大综合论》（亦名《天文学大成》），长达 13 卷。该书集前人之大成，提出托勒密地心说。他采用了本轮与均轮的办法（提出者为阿波隆尼，前295—前215），即行星是绕自己的本轮在旋转，而本轮的中心在绕地球旋转，这些同心圆都被称为均轮，用这种设计可以解释行星视运行中的"逆行"问题。

托勒密以为恒星天之外还有三个天层，即晶莹天、最高天和净火天。他假定这些天层是诸天神的居住处。

托勒密的地心体系由于符合宗教的观念，因而在中世纪的欧洲统治人们思想达1000多年。

宇宙空间站

空间站也称航天站，它是运行在地球轨道上的一种小型试验性科研与军事活动的基地，也是在固定轨道上长期运行的供宇航员长期居住和工作的大型空间平台。空间站是迎送宇航员和太空物资的场所，是环绕地球轨道运行的空间基地，人们又称它为"宇宙岛"。它的主要任务是研究人对空间环境的适应能力、探测天体、观察地球、试制新材料、药品及进行生物实验等。

自第一个空间站"礼炮1号"以来，已有一系列空间站进入太空，先后多次有数十批上百人次宇航员到站上工作，进行多次科学试验，取得了大量实验数据和宝贵的科学资料。美国也在1973年5月14日发射了"天空实验室"，在1983年11月28日发射了"空间实验室"航天站。空间站与一般航天器相比，有效容积大，可装载比较复杂的仪器，如长焦距照相机等，使获取的照片分辨率大大提高。由于空间站可以长期载人，上面又有工作舱、生活舱、服务舱和对接舱，舱内有类似地面的生活环境。同时，宇航员和研究人员可利用各种仪器设备进行科学研究。许多仪器可由人直接操作，增强了分辨能力，可避免机械动作带来的误差，可以完成比较复杂、非重复性的工作任务。随着太空军探索的脚步不断向前提高，空间站的地位和作用将越来越大。

目前，空间站只能一次性使用，一经发射入轨，就不能再回收使用。宇航员往返于空间站以及给空间站运送所需物品，都需要由航天飞机来完成。

航天员的舱外活动

宇航员离开航天飞机可不是仅仅打开门就能走出去的，那样极容易引起气体泄漏，造成机毁人亡。航天员出舱必须要经过科学家精心设计的气闸舱，它能让宇航员逐渐适应舱外的环境。气闸舱有两个门——内闸门和外闸门。出舱之前，航天员先进入内闸门，进行吸氧排氮，将体内的压强从 101 千帕降低到 70 千帕。我们知道，在地球的正常大气压下，氧气的含量只占大气的 21%，而氮气的含量高达 78%，人体血液中的气体含量也是如此。如果宇航员出舱前不进行吸氧排氮的话，进入真空环境中后，他们身体中的氮气就会释放出来，造成体内的压强突然减小，宇航员就可能会患上减压病。吸氧排氮的时间根据航天器舱段的压力不同而不同。穿好航天服之后，宇航员还要继续减压。不过，这个减压的过程比较缓慢，以便让航天员更好地适应舱外太空世界的真空。

所以，宇航员如果要到航天器外的太空中去执行任务，一定要在出舱前先呼吸 3 小时纯氧，这是避免宇航员进入太空后出现减压病的一种预防措施。那么，什么是减压病？为什么吸氧能防止减压病呢？

我们知道，大气对人体是有压力的，但我们平时在地面并没有什么感觉，这是因为人体内部产生的内压与大气压平衡的缘故。如果外界压力一旦减小，人体组织和体液中溶解的氮气就会转变为游离的气体，在血管内形成气泡堵塞血管，在血管外压迫局部组织，使人出现四肢疼痛、面色苍白、出汗虚脱、呼吸困难、听觉失灵等情况，这就是减压病。因目前技术水平所限，宇航员出舱时穿的宇航服只能达到大气压的 1/3 左右，因此航天员在出舱前，都要先吸足纯氧，使体内组织和体液中的氮气尽可能排出，以避免在舱外发生减压病。

宇航员在太空怎么生活

太空是个充满魅力的神奇世界，在太空的生活更是个充满魅力、令人好奇的有趣话题。

太空环境与地球环境大不相同，那里没有空气，没有重力和充满危险的太空辐射。当然在封闭的空间站或航天飞机舱内，有足够的空气供宇航员呼吸，良好的航天器屏蔽材料可以有效地挡住太空辐射，只是"失重"会给太空人的生活带来一些麻烦。

那么宇航员们是如何在太空中吃饭与洗澡的呢？

宇航员的食物丰富多彩，从最初的十几种已经发展到了100多种。宇航员每天一般吃4顿饭，一周之内的食谱不重复。有人以为宇航员的食品都是做成牙膏状的挤着吃，肯定很乏味，其实这是早期宇航员的状况，现在早已今非昔比了。宇航员可以在太空中吃到香肠馅饼、辣味烤鱼、土豆烧牛肉、奶油面包、豆豉肉汤、金枪鱼沙拉、饼干、巧克力、酸奶、果脯、果汁、八宝粥等各种各样的佳肴，美国宇航员甚至可以喝到他们爱喝的可口可乐。不过，宇航员吃饭并不能随心所欲，他们必须按地面营养师为他们配制好的食谱用餐。

吃饭时，宇航员必须先把脚固定在地板上，把身体固定在坐椅上，以免飘动。面对摆在餐桌上的饭菜，你千万不要着急，一定要注意端碗、夹饭、张嘴、咀嚼一连串动作的协调。端碗要轻柔，动作太猛，饭会从碗里飘出去；夹饭、夹菜要果断，夹就要稳、准，最好不要在碗里乱拨拉，以免饭菜飘走，使用叉子效果最好；饭菜夹住后，张嘴要快，闭嘴也要快，因为即使是放到嘴里的食物，不闭嘴它也会从口中"飞"走；咀嚼时节奏要放慢，细嚼慢咽利于消化，还可以减少体内废气的产生和排泄，避免宇航员生活环境的污染。

对于宇航员来说，在太空洗澡是件最麻烦的事，一般隔一个星期才能淋浴一次。因为在空间站水是很宝贵的，洗一次澡代价很大。宇航员在太空洗一次澡要花上不少时间，准备工作就要几个小时，因而特别费神费力。淋浴时，先跨进一个直径约 1 米的圆环中，然后托起圆环，连着圆环的折叠布筒像手风琴的风箱一样伸开，把圆环固定在天花板上，人就完全被罩在里面。打开水龙头前，宇航员必须把双脚固定好，不然飘浮着的身体被水一冲就会翻筋斗，还要戴好呼吸罩和护目器，因为在失重状态下，水会呛伤人，甚至把人溺死。以上准备工作完毕后就可以打开喷头，水珠便流在布筒上和身上，然后四处飘飞，由于水是定量供给的，宇航员擦身时必须关上喷头，擦好后再用剩下的水冲洗。

臭氧洞

我国古代神话中，有一个"女娲补天"的故事。"天漏了个洞"在人们心目中一直只是神话中的事。

然而现代科学在近几年证明，天上真的有洞。

地球有一个厚厚的大气层，大气层外还包裹着一个臭氧层。这样，太阳光中强烈的紫外线就不能直接辐射到地球上，在臭氧层的保护下动植物免受到过量紫外线的伤害。

但是近年来科学家们发现，每年春季在南极上空的臭氧含量急剧下降，形成了一个"臭氧洞"，这个"洞"逐年呈扩大趋势。而且北极上空在秋冬之季也出现了一个较小的"臭氧洞"。自1985年首次报道以来，臭氧层的浓度逐年下降。世界气象组织指出，到1994年南极上空臭氧层的70%已消失。臭氧层每缩小10%，地球上的皮肤癌发病率就上升25%。臭氧层空洞问题已经引起了人们的广泛关注。

美国天体物理学家贝克尔曾对人造卫星送回的太阳活动观测资料进行了研究，进一步证实了太阳风对地球极地上空的臭氧洞的形成关系极大。贝克尔认为，构成太阳风的电粒子，在太阳上加速后，首先到达木星的强磁层，然后再反射到外部空间，其中一部分进入地球磁层。这些粒子由于在木星的磁层中补充了能量，所以在到达地球外围时，其能量比在太阳上高。正是这些高能量的太阳粒子破坏了地球南北极地区上空的臭氧层。

臭氧层遭到破坏还与进入地球大气层的人工合成的化学物质有关，如用于制作制冷剂、清洁剂和泡沫剂的氟利昂（CFC）以及灭火剂哈龙

（Halons）等。这些化学物质与臭氧发生化学反应，**破坏臭氧的分子结构。**

天上的臭氧洞导致大地的臭氧雾和酸雨显著增加，**破坏地球的生态环境**，威胁着人类的生存，必须加以重视。

闰　秒

我国于 2012 年 7 月 1 日 7 点 59 分 59 秒和全球同步进行闰秒调整，出现了"7:59:60"的特殊现象。全球整整多出一秒，这到底是怎么回事？

众所周知，现行公历中，平年有 365 天，闰年有 366 天。如何用"整除法"判断闰年，这事连小学生都清楚；农历中有闰月，"十九年七闰"的传言也颇为流行。但"闰秒"，究竟又是怎么一回事？

继 2008 年初后，2012 年我们再次见识到"闰秒"。

7:59:60　7:59:60 ≠ 8:00:00

1. 天文时，最自然的计时系统

要搞清楚闰秒，先得从历法的历史说起。历法是在天文观测中产生的。寒来暑往，日升日落，经过对自然节律漫长的观察，古人逐渐认识到年、月、日等时间概念。

1 年，即 1 个寒暑周期，也就是约等于地球绕太阳一周的时间。更准确地说，真正的寒暑周期是太阳在黄道上运行 1 周的时间，即为 1 个

"回归年"。月的概念则来自月球的运行，月球的圆缺周期就是"月"，或者叫"朔望月"。现行公历中也借用了这个概念，虽然它不再反映月相变化。"日"的概念最为自然，因为日夜的周期性最明显。我们取太阳两次到达某个点的时间差为一日，定义为"太阳日"。至于比年月日更小的时间单位，则是在"日"的基础上平分得到的。

有了年、月、日的概念，就可以构建历法系统。根据细节的区别，历史上曾经有过很多种历法系统，但它们都是在天体运行基础上建立起来的，所以这样的历法系统统称为"天文历"。

天文历的优越性不言而喻，但它所确定的天文时标有一个巨大缺陷，那就是时间长度的不均匀性。比如，如果地球自转速度发生了变化，那么由此得出的时间长度也会发生变化。

而随着科学技术的发展，对时间的精度要求越来越高，在很多精密科学中，失之"毫秒"，谬以千里。天文时的精度已经远远不能满足

现代社会的需要，于是，原子时便诞生了。

传统的沙漏计时器，以及依靠太阳位置来测定时间的日晷，都是古老的计时装置。

2. 原子时，精确而刻板的时标

科学家发现，原子内部的某些运动是非常稳定的，而且不受外界条件的影响，这给时间标准的再现和统一提供了方便。20世纪60年代，国际计量大会决定用"原子秒"取代原来的"天文秒"。

一般情况下，制定历法时先根据自然周期确定回归年、朔望月、太阳日等计时单位的长度，然后再划分秒长。比如，先测定1日的长度，再规定1日的1/86400为1秒。但原子时与宏观自然周期没有本质的对应关系，它们的设置带有随意性和人为性。在制定时是先定秒长，再按照"60秒1分钟，60分钟……"的原则推得年月日的长度。

如何确定"原子秒"的长度呢？大自然中的固有周期当然是最重要的参照。比如，在较长一段时间内，利用原子时所得到的1天要尽量接近用太阳时得到的1天。否则就会给生活带来很多不便。

考虑到这一点，在1967年召开的第13届国际度量大会上，人们确定了原子秒的长度：以铯-133原子基态的两个超精细能级之间跃迁所对应辐射的9192631770个周期的持续时间为1秒。这个时间单位已经成为国际单位制中的基本单位之一。

既然秒长确定下来了，1天的时间也就确定了。无论地球自转如何变化，每天都是86400秒。在这个意义上我们可以认为，原子时是以秒长为出发点的。

但无论如何，原子时已经失去了时间的原始意义，尽管它可以调整到比天文时更接近日月运行的真实周期，但这其实只是外在形式上的接近而已。不过，还是有很多人认为，虽然原子时不是原始意义上的时间，但既然它异常精确，在日常生活中使用又何妨呢？

3. "子夜太阳"奇观

主张在生活中使用原子时的人忽略了一个重要的事实，那就是，地球的自转速度并不均匀，从长远来看，这种不均匀并非时快时慢，而是越来越慢，所以误差只会逐渐积累。而原子时丝毫不顾及天地的变化，它精确而刻板，按照自己的固有速度一往无前。如果简单地采用原子时，就会出现这样的情况：太阳升到了上中天，时钟却敲响了子夜 12 点。当然，这需要很长时间的积累。科学家估计，要经过数千年，两者相差才能达到 12 小时，才会出现"子夜太阳"的奇观。这看起来似乎微不足道，但它对于现代社会来说，是一个无法忽略的误差。

因此，天文时形象，原子时精确；天文时分日为秒，原子时积秒成日；天文时是诗人笔下的春云秋月、北雁南飞，而原子时则是加速器中转瞬即逝的幽灵；天文时宏大，以日月为载体，统摄世间万物；原子时精深，隐身于玄奥幽邃的原子之中，使万物谐调一致；柏拉图会对天文时的误差疑惑不解，柏格森则慨叹，原子时使人类离真实的时间又远了一步！

4. 闰秒，协调世界

天文时和原子时各有特色，却又都难以单独承担起为现代社会计时的重任。也许把两者的优点结合起来，会有一种更好的计时方式。我们现在采用的，正是这样一种计时系统——协调世界时。严格来讲，协调世界时不是一种单独的时标，而是原子时和天文时（世界时）相调和的产物。这个充当中介的"调解人"就是闰秒。

1972年，国际计量大会对世界时做了调整，方法是：当世界时与原子时之差将要超过0.9秒时，就在世界时的时序上加上1秒，这1秒称为"（正）闰秒"。因此，闰秒就是让原子停下脚步，等候太阳1秒钟。也可以说是原子向太阳"看齐"——精确的时间向不精确的时间"看齐"!

具体什么时候出现闰秒，由国际地球自转和参考坐标系统决定。一般规则是，如果本年度有闰秒出现，那么它会出现于6月或12月最后一天的最后一分钟（这里说的是中时区的时刻）。正常的时序是"……23:59:59，00:00:00……"，有正闰秒时，要在两者之间加一个"23:59:60"，而有负闰秒时，只需在正常时序中去掉"23:59:59"即可。

协调世界时，在宏观上是天文时，在微观上是原子时。我们钟表里的秒针以原子时的频率跳动，却必须时刻不离天文时左右。这样协调的意义在于，两种时标的差距始终不会超过1秒，避免了时刻与自然节律的明显不一致。

5. 历法改进，闰秒存废

虽然闰秒有十分重要的意义，但并非所有人都支持它的存在。

地球自转越来越慢，所以闰秒的出现越来越频繁。自1972年以来，已经出现过24个闰秒，而且都是正闰秒。也就是说，在40年的时间里，原子时比世界时快了24秒。闰秒的出现频率显然太高。

更为棘手的因素是地球自转速度的不可预测性。假如地球自转均匀变慢，那么我们就可以像公历的闰年那样解决闰秒问题。但地球自转速度的不均匀，使得闰秒的出现没有规律。

对于普通人来说，闰秒无足轻重。但对于某些对时间要求较高的系统，如全球定位系统、金融交易系统和空中交通管制系统等来说，这1秒可能意味着误差、损失甚至灾难，成为新时代的"千年虫"。

为了应对这种现象，除了提高系统的智能程度，科学家还提出一些针对时标的建议。比如不用闰秒而采用闰时，这样就能大大减小调整的频率，只需几百年或上千年调整一次。

但也有人坚持走精确路线，主张取消闰秒，同时连天文时也取消，而单纯用原子时计时。目前国际上这种呼声最高，包括计量、电信、无线电方面的国际组织，均支持这种做法。可以想象，几年之后，辉煌过近半个世纪的闰秒可能会退出历史的舞台。和它一起离开的，则是承载着人类童年之梦的天文时标。